理解生命

（奥）阿尔弗雷德·阿德勒◎著

付晓◎译

煤炭工业出版社

·北　京·

目录

CONTENTS

第一章 个体心理学——生活的科学

卓越的哲学家威廉·詹姆斯曾经说过这么一句话："和生活存在直接关联的科学，才称得上是真的科学。"换言之，真的科学一定是实践与理论相结合的。心理动力学是研究生活的科学，其目的是探索人们的生活风格。在这个层面上，个体心理学的研究目的和它是一样的。

个体心理学将单个的生命体当作整体，看重个体的一切动作和反应，而这些小动作都可以反映出个体的生活状态。生活的科学应当是具有一定实践功能和实用功能的，因为知识能够促使人们改正并转变自我态度。所以，个体心理学不单单能够预料到将来的某些事情，还可以通过预知的能力来有效避开危险，就好像预言家约拿那样。

生活的目标

个体心理学这门科学，在探究和理解生命的神奇创造力方面得到了一定的发展。个体寄希望于通过某种渴望，达成、取得其他方面的胜利，以弥补自身的失败。同时，这种创造力具有某种目的性，想要通过自身努力去完成某个任务，在奋进的过程中，个体的精神和身体能够相互配合。因此，将个体视为独立的存在或是将精神和身体分开来研究，都是错误的。我们应当将这两方面视为一个整体。

来说这么一个事例，在犯罪心理学的层面上，我们总是会着重去分析犯罪的事件，而忽视罪犯这个个体。然而，事实证明，犯罪的重点并非是犯了什么事，而是什么人犯了事。只去剖析案件，是无论如何也分析不出本质问题的，我们必须将其视为特殊个体的部分行为。重点在于理解罪犯的转变历程：究竟是生活中的什么人或是什么事促使其产生犯罪的想法，并采取了行动。在了解完这部分内容之后，我们就可以知道犯罪行为中的“潜台词”，统合单独分散的线索形成一个完整的认识。

我们在探究某个局部问题时，也可以将它们看成是一个整体之中的一部分，这么做可以让我们更容易看清整体情况。

就说说我自己的情况吧。我开始对心理学产生兴趣，是源于我在医学上的经历。医学研究为上述目的论带来了诸多依据，而且在心理学上，它是分析各种表现形式的必要条件。人类身体的每一个器官都会向着某个固定的方向发展，待个体逐渐成熟之后，它们就会展现出应有的形式。人之天性就是这样，不断付出自己的努力去改善自身的缺陷，抑或是通过增强别的器官功能以弥补问题器官所欠缺的功能。人类为了存在于这个世界上，不断地做着努力。永不言弃是生存的代名词，人类从不会向生活难题低头。

现如今，器官的发展越来越接近心理的发展。每一个人都会有一套独属于自己的关于目标的想法，在设定个人目标时，有意识地绕开现在的困难和缺点，并不断提升自我。在这个方法论的基础上，个体可以觉察到自己已经闯过了目前的生活“关卡”，在脑海中勾勒出日后的辉煌画面。若是没有这样的目标设定，那么个体的活动也没有任何意义可言了。

所有信息都在表明，这样的目标一定是在个体尚未成熟时就已形成的，也就是人们的童年时期。在童年这个时期，个体的性格开始慢慢形成。我们能够想象这个性格具体是如何形成的。孩子在童年时期是弱小的，而且他们往往会感觉到自身的弱小，明白自己无法在一个难以承受的环境之中生存。所以，他们不断通过自己的努力前行，制订自己的前行目标。孩子目标形成的具体过程是很难说清的，但是这样的目标确实是存在的，它支配着孩子的一次次前进。确实，我们很难理解孩子在童年时期的冲动、理性、具有某种能力或是缺乏某种能力的表现，当然，我们也不需要去深究这个问题，因为只有在孩子明确了自己的前进方向时，他们才能够沿着那条路向前走。我们只有在看清楚孩子的前进目标时，才能去推断他将来会做出什么抉择。

有些人的目标是希望成为上帝一般的存在。只是，成为“上帝”只能算是最终目的。在教导孩子时，教育者需要注意的是，孩子会将自己身边能力强的人当作自我前进的目标方向或是榜样，这个人可能是父亲，可能是母亲，也可能是周围的任何一个人。当孩子有了自己的榜样，并确定为之努力时，就会尝试着模仿该人物的做事风格和衣着风格，表现得和这个榜样越来越接近。然后，为了达到其目标，他们会选择学习的模型，或许是教师，或许是医生，等等。想成为医生的孩子，往往是因为渴望获得一种掌握生死的权力，就好像是上帝那样；而想要成为教师的孩子，往往是因为教师有惩罚孩子的权力，让孩子产生崇敬的感情，认为他们是极其强大的。如此一来，孩子就有了自己的目标，并能够通过自我努力将其实现。

用统觉看世界

个体人生目标的构建，往往是由于个体形成了早期的个性，即原型。在原型的帮助下，我们可以预料到个体在未来道路上的发展历程。从这个时候开始，生命个体的统觉[1]系统便朝着个体目标的方向发展。孩子会凭借自己的统觉系统来感受并判断周围的环境，换句话来说，就是能够用自身能力和兴趣来分析这个世界。

目前，已经有一个已知存在的事实是，在生理方面有一定缺陷的孩子，他的未来发展往往和有问题的器官紧密相关。比如说，若是一个孩子患有肠胃方面的疾病，他就会异常喜欢吃东西；有一定视力问题的孩子在可见的事物面前会表现出极大的兴趣。这样的行为和生命个体的统觉系统是相符合的。所以，如果想要发现一个孩子的兴趣，只需要知道他在哪方面有缺陷就可以了。只是事情并非想象的这么容易，孩子在面对自己的生理缺陷时，并非绝对呈现出之前所描述的那种状态，而是会

[1]　统觉：这个概念最开始是由G. W. 莱布尼茨提出的，是指人们的知觉和倾向都建立在经验、知识、爱好和态度的基础上，而不只是对事物某种属性的感知。

通过统觉系统来改变自己的行为方式。因此，虽然在孩子的统觉系统中，某些缺陷的器官是重要元素，但我们仍旧无法用此条件来明确推断出孩子整体的统觉系统。

无法避免的是，孩子会在相关体系的层面上看问题，任何一个人都不能确保真理的绝对性。每个人都会做错事情，重点是我们能够去改正。相比之下，我们在形成自己的个性时，是极为容易改正错误的；要是我们未在第一时间更正自己的错误，将来要想纠正的话，就不得不在大脑中回想当初的场景才可以。所以，我们在治疗神经衰弱这类疾病时，重点并非是探究病人生病后所做的错事，而是去了解他在患病之前，也就是人生个性刚形成的初期所做错的事情。当我们了解了他的错误之后，就能通过相对应的手段来进行治疗。

在个体心理学看来，遗传这个事情没那么重要。准确地说，个体身上所遗传的特征不是最重要的，个体在早期如何看待那些特征——也就是其在童年时期所形成的态度，才最为重要。天生就存在的生理缺陷是遗传的问题，然而，我们现在需要讨论的是，如何将那些特别的难题放在一边，让孩子身处舒适的环境之中。事实上，在一看到缺陷时就立刻去处理，可以让事情事半功倍，甚至说是极好的现象。在健康的孩子身上几乎不存在什么缺陷，他们只是会因为营养摄取不足，抑或是很多成长方面的问题而未能良好地成长。

那么现在，我们就来探索一下个体心理学在神经症患者身上所产生的影响吧。此处，神经症患者指的是有精神病的人、犯罪人士，以及那些整日酗酒不敢面对生活的人们。为了能够轻松快速地找到他们生活中所存在的问题，就让我们先找找他们究竟是从什么时候开始出现病症的吧。很多人认为，生病的原因是进入了一个全新的环境，这是一种错误的认知，在还没有真正发生某个症状之前，病患根本还未做好准备去迎接全新的环境，而我们的这个论点将会得到证实。要是病患依旧身处舒适的环境之中，他本身的问题就显得没那么明显了。但是，全新的环境意味着尝试和挑战，病人在全新的环境中一定会凭借自身的统觉体系来做出相应的行为动作。他的反应并非消极的，还存在和他的目标相同的创造性。在他的整个人生历程中，这个目标是占据主导地位的。在研究个体心理学时，经验告诉我们，不能只注重遗传的重要性，或是某个局部的重要性。我们清楚了，凭借自己的统觉体系，原型会和自己的经验站在同一阵线上，所以，为了实现某个目标而被运用的统觉体系，是我们一定得深入研究的。

自卑感与社交

有生理缺陷的孩子在面对某些困难时，会比他人更加自卑。在个性形成的初期，那些孩子会很想了解自己，但并不想了解别人，在日后的人生路途中，他们会始终如此。但是，原型错误并不只是因为生理有缺陷，比如说，不被大家喜欢或被宠溺的孩子们也是会犯原型错误的典型群体。以下三种情况会对孩子的身心健康造成不利影响，即不被大家喜欢、被宠溺、存在生理缺陷。这几类孩子担心被他人攻击，一辈子都无法自强自立。在这本书的以下章节中，我会进行深入讲解。

心理环境的健康与否对那些存在生理缺陷的孩子是极为重要的。因为，面对相同环境时，那些孩子会显得更加寸步难行，他们会表现出自卑，通常来说，这样的自卑情结会急剧加重。在原型刚开始形成时，他们就特别关注自己，这样做的后果就是减弱了对他人的关注。随着日子一天天过去，他们仍旧会沿着之前的生活轨迹往下走。原型错误的形成并不仅仅由生理缺陷而造成的自卑，我还能说出其他例子，譬如被仇视和被宠溺。

在之后的内容中，我们会详细讲述这三种不好的情况，还会引用具体的病例。存在生理缺陷的孩子，被宠溺的孩子，不被他人喜欢的孩子，此三种情况，我之前已经说过。然而，我们现在需要注意的是，这些孩子在不健康的环境中成长，每时每刻都在害怕被外界某些因素打击，这是因为他们所处的大环境导致了他们无法变得自立自强。

社交感受或社交兴趣是尤为重要的概念，也是我们"教育治疗"中最为重要的部分。世界上的人只有具备勇气、自信和自由之心时，才能够在生活难题和生活优势中获取利益。他们绝对不会感到畏惧。他们清楚地知晓，在生活中是存在难题的，也有信心能够战胜这些难题。在面对生活中的这些难题之前，他们已经做好了充分的准备。

之前我们所说过的那三种类型的孩子，他们对社交的兴趣是极低的。在面对生活中的困难时，他们心中是没有明确的解决办法的，取而代之的是一种错误的态度，所以他们总会感受到较强的挫折感。对于这样的病患，我们需要激励他们在面对社会和生活时表现出积极的一面，从而进行正确的社交。

缺乏社交的兴趣往往会使人们产生消极的生活观念。如果这种情况十分严重的话，人们就会变成酗酒者、精神病人，甚至去犯罪。我们应当用一种良好的方式去引导他们，帮助他们建立一种正确的行为模式，增强他们的社交兴趣。换句话说，个体心理学本质上是研究社会心理的。

来自父母的影响

下一个工作，我们需要寻找到影响个体发展的原因。在被宠溺的孩子中，家庭和社会都不会一直任由孩子错误地发展下去，那么，那些孩子在生活中就会遇到各种各样的困难。那些孩子在进入校园这个全新的环境时，新的社交关系是他们必须面对的问题，但是他们并没有同其他孩子共同玩耍和学习的欲望。这是由于他们还未做好真正进行校园生活的准备。实际上，在早期经历的影响下，他们是恐惧社交环境的，他们希望得到自由。个体特征并非遗传所得，看看原型和目标就可以加以判断。由于他们在面对一定目标时是具有特定个性的，因此，在他们身上，就不存在别的方向上的性格特质了。

我们在按照一定顺序梳理这个科学系统时，下一个步骤便是原型分析了。就像我们之前说过的那样，早在孩子只有四五岁时，原型便已形成，所以，在该时期抑或是之前，我们就必须找到孩子内心所形成的印象。或许那些印象是千变万化的，但是，很多普通年轻人在看待这个情况时是无法理解的。

父母的严厉惩罚和打骂会对孩子产生严重影响。孩子会因此而尝试躲避类似环境，有些时候，会表现在心理层面上，不断地去排斥类似行为和情况。所以，我们能够看到，如果女孩的父亲是暴脾气，那么女孩就会排斥男性。她们会存在思维定式，认为男人皆是暴脾气。还有些男孩的母亲总是严厉待人，那么那些男孩就会远离生活中的女性，通常有几种表现形式：面对女性会害羞，成为同性恋，等等。这样的情况并非遗传所决定，而是孩子本身早期的生活环境所导致的。

孩子通常需要为他们自己犯下的过错付出一定的代价。即使是这样，他们依旧没有办法得到他人的引导。父母往往不想在孩子面前承认自己的错误，如此一来，孩子只能在这些错误的陪伴下走上未来的人生道路。

处罚、责备和教训对孩子只有坏处，这样的理解是错误的。应当说，要是父母和孩子不明白错误所在和改正错误的方法，那么这么做就不会有任何的效果。孩子不明白为何会被家长处罚，从而变得害怕，愈加调皮，教训和惩罚无法改变他们。因为个人的统觉系统和生活经历是相一致的，因此，生活经历也不能改变原型。唯有当他们明白形成自身个性的关键问题时，才能够做出有效改变。

梦和情绪

接下来要研究的是情绪和感觉。一个人所设定的目标不但影响到个人的性格、行为和表达方式，还控制着个人情绪和感觉。人们总是会尝试将个人态度通过情绪和感觉表达出来。所以，要是人们想要完美地做一件事情，这样的想法通常会被无限扩大，甚至影响到个人的情感生活。他们的观点和自己的情绪、感觉相一致，情感会使他们加强想象的力度。即使我们在做某些无须投入情感的事情时，还是会不自觉地融入一定的情感。

从中，我们得出结论，一般来说，情感和我们对待工作的态度是相一致的，情感会引导人们的行为。由此看来，我们在行动时通常离不开情感这个事物。

以上所讲的观点能够在人类的梦中得到清楚的证明。在个体心理学中，最杰出的研究成果当属梦境研究了。每一个梦都是有目的的，尽管无人能对此做出合理解释。通常说来，梦的目的是发泄一种情绪或是抒发某种情感，正是这样的情绪或情感促成了梦境的形成。在这个话题上，人们在评价传统观念时是极为有意思的，他们觉得梦归根结底是自欺。我们在梦境中的行为往往反映了我们生活中的行为。我们在清醒状态下的规划、态度和情绪等，通常会在梦境中得到“演练”，但是，那些演练多半不会出现在现实生活中。因此，梦境是虚幻的。不过，尽管只是在做梦，但是那些带有个人情绪的想象，却会引导人们付诸实践。

即使是我们没有睡着，梦的这个特征还是存在的，这就是我们在情感层面上的自我欺骗倾向，比如说，我们常常会对自己说，得按照四五岁时所形成的某种模式去做事。

出生的顺序与早期记忆

即使是出生在同一个家庭中的两个孩子，其成长历程也是有所不同的。孩子在同一个家庭中所感受到的人际关系及家庭氛围是有区别的。第一个孩子在出生后的一段时期内，是“唯一”的存在，家庭的注意力会集中在他的身上。当第二个孩子出生时，第一个孩子就会感觉到自己“唯一”的地位开始动摇了，他们是不习惯且不喜欢那种感觉的，毕竟曾经所拥有的权力逐渐烟消云散了。他们的原型在形成时会受到这个悲伤心理的影响，并会在他们成年之后毫不掩饰地表现出来。其中有些孩子会在长大以后不断遭遇生活难题。

另外一个研究结论是，家庭对男孩和女孩的培养方式是有区别的。一般来说，男孩是受到极度重视的，但是女孩却被认为很难有出息。女孩在这样的家庭环境中长大，以后会表现出不自信的一面。甚至于，她们一辈子都会认为成功是属于男性的，和女性毫无关系。

第二个出生的孩子在家庭中的成长也存在一定的特殊性。他们和哥哥或姐姐的家庭地位截然不同，他们的生活总是被他人设定和安排。我们发现，他们总是会超越设定节奏的人，原因是第一个孩子在竞争中会表现出气馁的一面，害怕竞争，担心有不好的表现，于是十分在意父母如何看待自己，而父母会更加喜欢第二个孩子。第二个孩子，在被他人设定节奏的前提下，总是在前进，我们可以在他们的性格中看到家庭的特殊教育，他们会很容易产生逆反心理，并抵制权力等事物。

我们在很多传说和历史中看到过幼小但强势的孩子。《圣经》中的约瑟夫便是如此，他始终想要比任何人都厉害。在他离开家数年之后，他的弟弟降生了，但是情况并没有发生任何改变，他仍旧觉得自己是家里最小的，最受关注的。童话中也有类似的事例，年龄最小的孩子却扮演着领导角色。在童年时期，他们的这类特质就开始形成。在深刻思考这些特征的形成过程之前，想要改变它们是异常艰难的。为了能够改变他们的想法，我们需要知道他们童年时期究竟发生了何事，还需要认知到，这些原型具体会对生活产生怎样的负面影响。

想要理解原型及个体的本性，需要运用“探索童年记忆”这个实用工具。从观察和积累的知识来看，形成原型的一个因素就是记忆。以两个存在生理缺陷的孩子为例，有肠胃方面疾病的孩子，他们的早期记忆和食物有一定的联系；总是用左手做事的孩子，他们的想法会受到“左手习惯”的影响。如果有人对你说起他被母亲宠溺的事情，或是弟弟妹妹的事情，又或是他的父亲脾气比较暴躁，抑或是自己被打的经历，甚至是他目睹的校园暴力事件，那么我们一定要重视这些话，这些信息是极有意义的。

理解童年记忆是需要很大同情心的，我们需要站在孩子的角度去思考问题，用大脑去模拟童年的经历并加以想象。如此一来，我们就可以明白，第二个孩子之于第一个孩子是何其特别的存在，以及父亲的暴躁言行对孩子产生的巨大的负面影响。

小结

通过上述内容，个体心理学的研究方法我们已略知一二。和其他心理学相比，个体心理学这门科学有着不同的研究方向，并得到了一定的发展。个体心理学结合了各类心理学的内容和精神病学的内容。个体心理学家在进行研究时会选择各自的方向和课题，并且不会完全信任其他心理学家的研究结果。

读者们，你们也应该这样，请不要轻易相信。对动力心理学（美国人威廉·麦独孤是这种心理学最坚定的代表），我们是持反对意见的。我们认为，在动力心理学中存在过多的遗传倾向。我们还不同意行为主义者宣扬的“条件”与“反射”。如果我们不了解个体的目标，那么建立在“条件”和“反射”基础上的人性特征，以及人的命运便不会有什么实际作用。真正的心理学研究，是建立在个体目标的基础上的。

第二章 自卑情结

在个体心理学中，泾渭分明地对待“意识”和“无意识”是十分错误的做法。不过，要是不能对整体有所理解，我们要区分意识和无意识便极为困难。在前文中，我们阐释了原型的相关概念，也知道了个体原型能够体现整体的联系。

个体之统一整体

在生活中，意识和无意识是密不可分的。有这么个例子，一个已有家室的四十岁男士常常想翻窗跳下楼去，他始终抵抗着自己这样的想法。实际上，除了这个想法之外，他没有任何其他问题。不过，他有朋友，有一份稳定的职业，并和太太快乐地生活着。这个案例是相当棘手的，只有通过对意识和无意识的综合分析才能看清楚。

在他的意识中，认为自己应当翻过窗户跳出去。可他从来没有真正付诸实践。这样的情况之所以会出现，是因为他存在无意识的一面，他在抵抗自杀冲动时有了一定的效果。意识和无意识一同配合促成他的“成功”。实际上，就生活风格来说，他成功了，得到了一种优越感。

或许读者会提出疑问，这个男人在自己的意识中都产生自杀冲动了，为何还会感觉优越呢？他内心抵抗的自杀想法便是这个问题的回答。因为抵抗成功令他成为胜利者，并且感受到优越。在旁观者看来，显而易见的是，他所获得的那种优越感来自于克服自卑情结所做的努力。更重要的是，在个人的心理抵抗中，他奋力去抵抗，为了自己的生存，将自卑情结和求死的欲望克制住了，即使前者是无意识的，后者是有意识的。

我们来探究一下，这个男人的原型发展和理论到底相不相符。先从他童年时期的记忆说起。我们知道了，小时候的他是厌恶上学的。他恐惧其他的男生，希望远离他们。即便是在这样的情况下，他仍旧决定面对现实。这些便是他为了克服自己内心的阻碍而付出的努力。他深知自身存在某些问题，但还是选择迎难而上。

我们看到这个病患的性格时，发现其生活目标是战胜内心的担忧和恐惧。为了达成目标，他的意识和无意识一同构建了整体。如今，有些人会认为病人只是单纯地具有一点野心，想做出一点抵抗，但最终只是个懦弱之人罢了。这样的想法是一种误解，这根本未考虑到此事件中的事实，也未将个体生命当作整体来看。倘若我们无法确定个体的整体性，那么我们在研究个体时为理解个体所付出的全部努力，皆是白费工夫；倘若我们意识到了生活具有两面性，却没能将两方面结合起来，那么我们便无法将生活视为整体。

社会背景

我们不仅要重视个体生命的整体性，更要注意个体所处的社会关系，并进行观察和研究。婴儿在初生时是很娇弱的，需要他人照料，若不将孩子的监护人考虑在内，就无法理解孩子的生命模式。要是我们将孩子当作独立的个体来研究，就无法理解孩子和母亲以及整个家庭的关联。在这方面，个体不单单在生理上是独立的，甚至在整个社会层面上都是独立的。

从某种程度上来说，对孩子适用的也同样可以用在成年人身上。由于孩子是处于弱势的，因此他们无法离开家庭单独生活；人其实是弱小的，因此才构建了社群。困难，人人都会碰到，而个体是没有办法单独面对生活困难的。人性之中最为强势的现象便是“聚集”，人类以社群的形式一同生活，并非独立地在社会中生存。毋容置疑的是，这种以社群形式生活的模式在克服个体自卑情结方面是有一定好处的。

动物亦如是，弱势种群经常以群体形式生活，以团体力量来保护个体利益。因此，一群水牛可以抵抗住狼的攻击，但是一头水牛则无法做到。当然，大猩猩、老虎和狮子是可以离群索居的，因为它们的自我保护能力是足够的。人类和这些动物不一样，没有那么强大的自我保护能力，就连爪牙也没有，自然无法独自生活，因此，以群体形式生活的原因，其实就是个体本身太过弱小。

无法绝对地说，每个人的能力都是一样的。然而，如果社会组织良好，就有足够的定力去容纳能力各异的个体。（这是相当重要的，要不人们就会错误地从“遗传”层面去看待个体了）个体倘若独自生活的话，在某些方面定会有缺憾，可如果社会组织良好，就可以消除这种问题。

假设说个体的先天缺陷是因为遗传，那么心理学就是在帮助人们友好相处，以避免先天缺陷的影响。社会发展的历程就是人们共同克服困难的过程。在协作中，人们可以战胜自己的不足和缺陷。

所有人都清楚，语言属于社会化产物，可只有极少数人懂得，个体缺陷才是语言产生的源头。在童年时期的各种行为中，我们能够观察到这一点。当个体无法满足自身欲望时，就会通过语言索取一定关注。要是孩子不想被关注，便不会着急学说话。在婴儿刚出生的头几个月中，语言能力尚未得到发展，母亲会满足他们的所有需求。有事例证明，有些孩子到了六岁时才开始讲话，因为之前他们完全没有开口说话的必要。

还有一个例子也说明了这一点。如果父母在听力上存在缺陷，那么孩子在摔伤时就不会选择“哭泣”来获取关注，因为他很清楚即使自己号啕大哭他的父母也无法听到，他会选择做出即将要哭出来的表情。

所以，我们一定得看清这个万物相连的社会大环境，而后再去剖析个人目标与社交的问题。个体心理学所涉及的是那些问题背后的信息。绝大多数人在适应社会时会遭遇一些麻烦，在和他人交往时多少都会有些困难。口吃就属于这种情况。我们发现，口吃之人从儿时起就无法正常地和他人交流，不会主动参与某个活动，不会主动交友。想要发展个人的语言能力，需要获得他人的配合，可他们并不寻求这种配合，所以始终没能解决语言问题。在语言上存在问题的人主要有两种内心驱动力，一种让他们产生与他人合作的渴望，还有一种促使他们保持自我孤立。

在日常生活中不擅交际的成年人会恐惧站到台前，无法在公开场合发表意见。这是由于他们心里已经把听众定性为敌人了。在面对那些看似不友好、具有支配性的旁观者时，他们会自卑。唯有那些拥有足够的信心，并信任听众的人，才能做好演讲，不害怕，不恐惧。

培养社交能力时，要考虑到自卑情结。社交失衡导致了自卑情结的产生，因此，训练社交能力是战胜自卑情结的基本方式之一。常识和它也有一定的联系。在谈论常识时，我们通常会想到社会的力量。

在第一章中，我们说过这个问题，在日常生活中不擅交际的人通常会表现得自卑，这种类型的人包括罪犯、精神病人和有神经分裂的病人。在面对一些事物时，他们毫无兴趣，比如说人、机构、社会制度等，但是在这些事物中，却存在着解救他们的途径。我们需要做的就是促使他们对社交产生兴趣。神经质的人发现我们是友善者时，会开始觉得自身表现没那么坏。可这远远不够，我们一定得让他们知道，最重要的是事情的最终结果及个人的真实行为。

跨越局限

即使整个社会存在自卑情结并努力寻求优越感，这也并不意味着人人如此。每个人的身体健康程度、体力和所处环境都是有所不同的。即便所拥有的一切条件都相同，个体也会犯不同的错。对孩子而言，教育并不存在固定模式，或所谓的正确形式。每个孩子都有一套自我反应方式，都在用各自不同的方式努力追寻着不同的生活方向，就算是出错也会各不相同，而在成功方面，也都想法各异。

来研究下个体所表现出的特殊性和多样性吧。就拿左撇子的孩子来说，部分孩子或许一辈子都不会察觉自身是左撇子这个事实，自始至终，他们都被教育用右手做事。他们在用右手干活时不是很敏捷，甚至因此而被他人诟病。

再来看个体的某些变异形式和不同特质。譬如说，部分孩子是左撇子，但他们完全不知，毕竟他们已经通过专注的练习而习惯用左手了。一开始时，他们无法熟练使用右手，并因不够灵活而受到责难、呵斥及讥讽。这样的缺陷确实会令人感觉好笑，而且双手需要一同练习。对于婴儿时期的孩子，我们能很容易地辨别出他是否为左撇子，其特点便是使用左手的频率要高于右手。

在日后，他那只不甚灵巧的右手或许将会变成他的牵绊。同时，他对使用右手和右臂很是好奇，这种兴趣会在绘画和书写等行为中得到体现。实际上，这部分孩子要是在日后表现得比一般孩子更加出色，也并非奇怪的事情，毕竟他们必须按照这个轨迹来培养自身兴趣。换句话说，他本身的缺陷促使他不得不接受额外的训练。这对于培养个人才能和艺术造诣来说是有很有益的。这些孩子常常用尽全力战胜自身缺陷。然而，有时候，这样的抗争是极为艰难的，他们或许会对他人心生羡慕或妒忌，并因此而生出更加严重且难以逾越的自卑情结。孩子在努力的过程中或许会变得充满斗志，长大后就成了满怀争斗欲的人，时刻都行进在奋斗的途中，始终认为自己不能做个笨蛋，必须战胜自己的缺陷。他肩上的压力比周围人都要重一些。

孩子们在四五岁时便构建出了原型并以此轨迹长大，有些会犯错，有些会努力克服缺陷，但不可否认的是，所有人的目标都是不同的。有的孩子希望在将来成为画家，有的希望远离令他们感到不适的地方。或许成年人会明白如何战胜自身缺陷，可幼小的孩子是不清楚的，也无人为其讲解。

当孩子的眼睛、耳朵、肺部或是肠胃患病时，器官的功能缺陷会促使他们产生特定的兴趣。有个看起来很好玩的案例。一位男士每天下班回家哮喘就会发作。这个男人四十五岁了，已有家室，工作也很稳定。问他哮喘发作的具体过程，他说："你知道吗？我太太是个虚荣心极强的女人，但我是个理想主义者，我们总是有不一致的想法。下班在家时，我希望能够好好休息一下，安静地躺在家中，但是她却想出门走走。长此以往，她经常埋怨我很无趣。然后我就变得很暴躁，并引发了哮喘。"

这个男人为何会感觉难以呼吸？为何不是想呕吐呢？他只是按照原型的轨迹在发展而已。他在儿时所存在的缺陷如今影响了他的呼吸系统，令他感到不适。一位护士很关心他，常常在他身边给予安慰，于是在他的思维中便形成了一个固定想法，似乎世界上的所有人都会这么做。在他四岁时，护士因为有了自己的家庭而离开。他在送她去车站时悲伤地流下了眼泪。护士离开之后，他对他母亲说："护士离开了，将来不会有人关心、安慰我了。"

我们发现他在成年后的状态和早期原型形成时的观念是相同的，始终想找到那个只在乎他的人，那个愿意安慰他、逗他开心的人。他存在的问题并非不够勇敢，而是他不应总是期待安慰。我们要找到安慰自己并让自己高兴的人是很困难的。他总是希望把所有事都掌握在自己手里，从某种程度上来看，他颇为成功。每当他感觉难以呼吸，他太太就会放弃去剧院消遣或是找人闲聊的想法，这正好是他的目的所在。

从意识的角度来说，他似乎是正确的，但从潜意识的角度来说，他的内心驱动力是征服欲。他希望太太能够变得像他一样。这样的人是需要被质疑的，他有可能表里不一。

同样，我们总会见到一些视力不好的孩子在面对可见事物时会表现出好奇。而画家和作家的视力通常都不怎么好。例如，作家古斯塔夫·弗赖塔格有点近视，还有些散光，但他的成就却很辉煌。如他所说："我的双眼和其他人的不一样，我必须要发挥并训练自己的想象力。我不清楚这能否令我成为优秀的作家，但是由于我视力有缺陷，在我的想象中，我见到了比其他人更加美好的脱离现实的事物。"

许多天赋异禀之人都存在视力或其他方面的不足。就算是神灵，有些也存在独眼之类的缺陷。天赋异禀之人即使是快要看不到东西了，也会比他人更能辨别出颜色、风格和线条的细微差异。这足以证明，要是能够真正理解生理上的缺陷，就能帮助到那些天生有生理缺陷的孩子。

有些人对吃这件事具有极大的好奇心，常常谈论要吃什么，不吃什么。在年纪尚轻时，他们在肠胃方面不是很健康，因此就会比他人更加关心食物。或许他们的母亲总是为他们的饮食操心，在他们耳边不断灌输什么可以吃，什么不可以吃。他们尝试去改善肠胃功能，逐渐关心起早中晚餐。因为开始关心饮食，他们中有些成了顶级厨师，甚至是膳食专家。

人们因为肠胃不适就会找一些食物之外的替代品。有些人会将注意力放在金钱上，这些人就会变得很小气。有些人变成了金融家，他们总是为了能赚更多的钱而拼命，整日整夜地练习着，他们的脑海中除了生意还是生意，有些时候，这会令他们在同等条件下拥有更多高人一等的优势，因此，我们总是会听到诸如此类的事：某个富人有严重的胃病。

我们需要注意的是，大脑和身体密不可分。在存在相同缺陷的情况下，不同的人所体现出来的状况可能会不一样。另外，生活条件的好坏和生理缺陷不存在必然联系。一般来说，生理缺陷能够得到治疗至少能被缓解，并不会造成多么严重的后果，病人的心态才是最为重要的。在研究个体心理学的专家看来，生活条件和生理缺陷并不存在直接的因果关系，实际上，如何对待生理缺陷才是关键。专家们更偏向于通过发展原型的方法来战胜自卑情结，原因就在于此。

表现形式

有些时候，我们会碰到那些看上去始终处于焦虑状态的人，他们常常急不可耐地想要战胜自己面前的难题。遇上这些人时，我们通常可以断定他们内心存在很强的自卑感。如果内心强大，不惧艰难，是定然不会表现出焦虑反应的。

即使是骄傲、没有礼貌、好胜心强的孩子也存在自卑情结。我们得找到自卑情结的根源。因此，我们要先找到他们所面对的具体困难，再对其进行对应的治疗。在这个过程中，千万不要去批评或是处罚原型的生活风格。

我们能够在孩子的原型中看到某些特征：爱好很另类，常想超越他人，目标优越。有的人在表达自我或是做某些事情时，是不怎么相信自身能力的，而且总是逃避他人。他们远离新事物，就想安静地躲在小环境中。他们在学校里、在工作中、在社会上以及在婚姻家庭里的表现都很雷同，他们常常认为达到某个看起来还不错的目标就可以了。这种人实在是太多了。但这些人忽略了关键的一点，那便是如果想要获得成功，就一定要拥有能够应付任何处境的能力，逃避是毫无意义的。用自我逻辑否认周围的人和事以此来表明自身的正确性，显然是不对的。若想生活得健康些，就得出去和人交往，呼吸一下新鲜空气。

人们在生活方面的要求总有不同。例如，想要创造出好作品，那么和好友外出吃饭的时间就得减少，因为需要一定的私人空间来进行思维的延伸。可是，人还是得参与社交的，这样才能够成长，才能促进他们自身的发展。我们不能忽视他们的两大需求，也要明白，他们或许是对社会有利的，或许是无关紧要的。因此，我们得认真思考这两者之间的区别。

社交的重点是人们常常在试着找到那个能够凸显自己的时机。因此，极为自卑的孩子会逃避那些大孩子，他们身边的同伴是比自身弱小且可以控制的。这样的自卑心理是否是病态的、反常的，取决于自卑的特质和程度。

实际上，病态的自卑心理正是我们前文所说的“自卑情结”。

当然，对于整个性格而言，自卑情结的涵义远非一个词可以概括。可以说，“自卑情结”是一种病，其严重程度随着环境的改变而改变。因此，有些时候，某些人在工作时并不会表现出自卑，旁观者会认为他们是充满自信的，可他们在和异性往来时就会表现得极不自信，这才是他们真实的内心。

这些人在面对困难或紧张时，会犯下十分明显的错误。处于一种新环境或是困难当前，原型将会表现得极为清楚，但是新环境不一定就是困境，就像我们在上一章中所讲的那样，人们对社交的兴趣，将会在进入新环境时表现得尤为突出。

我们将孩子送至校园，观察孩子和同学的相处方式。和同学之间是亲密还是疏远，足以体现个体对社交的态度。对于那些太爱玩、太调皮且聪敏过人的孩子，我们一定得注意其内心想法及背后的原因；对于那些不怎么说话、得依靠外界力量才能促使他们迈开社交脚步的孩子，我们需要观察一下他们的个人生活、家庭和社会等方面的情况。

许多人会说：“我很想接受那个人，可……”此类说法都显示出了极强的自卑情结。要是我们按照这个思路重新理解这样的言语，定会发现一些不一样的情绪。譬如，总抱有怀疑心态的人常会处在质疑的状态中，最终什么事情都做不成。

心理研究专家可以在人们的身上洞悉到冲突和犹豫，那其实也是自卑的体现。我们还需要想想人们的行为，研究一下他们犹豫时候的表现，譬如四肢不协调的样子。这些人的犹豫心态不单单表现在某种情况下，许多人总是会犹豫不决，不知道到底做何选择。我们需要做的是引导人们改变这样的心理状态。多一些鼓励，让他们走向自信。我们一定得让他们产生这样的想法：我可以直面并成功跨越生活困境。这是树立自信心和改善内心自卑情结的唯一途径。

第三章 优越情结

在第二章里，我们对自卑情结做了介绍，并谈论了我们如何与这种心理倾向抗衡。在这一章中，我们将讨论优越情结，为自卑心理做补充。

我们已经知道了个体在行动中的各种特征，可以说这些表现都是有将来式和过去式的。人们奋斗的目的和将来式紧紧相连，而过去式则是人们努力战胜缺陷和自卑情结的过程。这便是为何在自卑情结的例子中，我们所在乎的是源头；但在优越情结的例子中，我们更加重视这些特征的变化过程。二者之间是有关联的，因此若是在自卑情结的案例里看到了隐藏其中的优越情结，我们也不会觉得惊讶；要是在优越情结的案例中看到自卑情结的影子，那也是很正常的。

优越的目标

我们不要忘记，自卑情结和优越情结背后的“情感”一词只是用来表示自卑感和自负感的夸张模式。从一定角度来讲，我们在同一个人身上看不到因为自卑感和自负感所造成的冲突。很明显，自卑和自负就像我们平常的心情那样，是非常自然且互补的。要是我们觉察不到所欠缺的东西，就无法成功，更谈不上自负。我们所知的那种情感是在自然情感中慢慢演变出来的，如此一来，若是在这样的情感中存在冲突，那么在自然情感中也会存在相同的冲突。

为了获得优越感而不懈努力，这么做会对个人的心理和大脑产生重要影响，正如我们所说，生命就是不断实现理想或实现目标，如此这般的奋进是从来不会停滞下来的。那些怠惰的孩子，他们没有生活的朝气，没有任何想要关心的事物，就好像一直停留在原地，就算是这样，他们依然是渴望卓越的，他们的想法是“要是我没有这么懒的话，就能成为总统了”。他们将自己看得很厉害，常常认为自己要是怎么做，就可以达到某个不切实际的目标。那是欺骗自我的做法，不过是假想罢了。可就像我们所知的那样，人们会在假想中获得满足，自信心不足之人经常这么做：他们觉得自我能力不足，常常会在困境之中不知所措，尝试远离它们，在逃避和远离之后，他们的内心只剩下了那种自我满足的欣赏感。

避免真正的解决

爱偷东西的孩子有自负感。他们自认为伪装得很好，没有人可以揭穿他们。这么做，他们不需要花费太多的力气就可以“比他人富裕”。那些觉得自己是英雄的人，也会有同样的感觉。在阐释个人逻辑时，我们已经讨论了这个话题，这并非社会普遍现象。罪犯自认为是英雄，此种想法只属于他们自己而已。实际上，他们的自信心很是不足，在处理问题时难以跨越生活的阻碍。所以，罪犯做错事是由于其内心的优越情结在作祟，并非因为所谓的原始兽性或是罪恶本性。

我们也可以在神经衰弱的病人那儿看见相似的情况。例如，他们或许会睡不着觉，导致翌日没精打采，无法专注地工作。因为失眠，他们便觉得不该强迫自己开工，这样一来，他们自然无法做好手头儿的事情了。然后他们会号啕大哭："要是我可以睡会儿，那该多好，但是我根本无法做到！"

我们还可以在因过度焦虑而抑郁的人身上发现这种现象。他们因为过度焦虑而变得暴躁，并利用这样的情形去统领他人，因为他们想要有他人陪伴，无论在何时何地。这种人的另一半必须为了他们而改变自身原本的生活状态。

患有抑郁症的人往往是家庭中的核心成员。我们能够在他们身上看到，自卑情结在家中横行霸道的全过程，他们会埋怨自己体质不好，体重不断减轻，可这并不会动摇他们在家中的地位，他们统领着家里的每一个人。对于这一点，我们根本不用感到吃惊，有史以来，弱势的一方总是强有力的。

优越情结和自卑情结

现在来讨论一下自卑情结和优越情结的关系。例如，那些有着优越情结的孩子，通常说来，是自大且没有礼貌的，常认为自身比现实中更强大。我们很清楚脾气差的孩子是怎么统领他人的。为何他们会有这么多的要求，这样没有礼貌呢？这是由于他们不知自身能力是否可以让自己达到目的，内心是自卑的。他们伪装出强大的样子，小心地走着每一步，以此获取一种自豪的、优越的成功感。

我们一定得研究出治疗这种孩子的办法。他们这样做的原因，是他们并不清楚事物的发展规律。我们不应对他们加以责备，而应善意地为他们做出说明，让他们能够做出正确的判断。

有自卑情结的人常常炫耀自我，那是因为他们无法以一种积极的心态和他人比拼，没有办法和社会友好共存，没有办法很好地融入社交环境中，不清楚怎样去处理社交方面的问题。我们总会看到，这类人在儿时常和教师或父母争辩。

另外，我们能在神经类疾病的案例中，看到自卑感和自负感并存的现象。神经症患者总是明显地表现出自负感，但并未意识到自己内心深处具有自卑情结。

在家庭里，要是某个孩子备受疼惜，别的孩子则会生出自卑感，从而会延伸出一种优越情结。要是他们既关注自身也关注他人的话，那么他们在遇到生活困难时，就可以完美地跨过去。然而，要是他们的自卑感已经非常强烈，他们便会感觉自身是矛盾的，他们总是特别关注自身利益，不太会对他人产生兴趣，在公共意识方面也会有所欠缺。他们带着某种情感去关注身边的社会问题，但在处理这些问题时，情感是起不了什么作用的。然后，他们逐渐陷入迷茫，并以这种方式来寻求解脱。我们很清楚的是，那种解脱并不真实，如果单纯地依靠他人，而不解决问题的话，那这种方式完全是治标不治本。他们就好像乞讨的人，依靠他人求生，像傻子那样用自身的柔弱换取一时安稳。

无论是孩子还是成年人，在感受到软弱时，便不会有兴趣参与社交了，优越情结随之生成。这好像是人性中的通病，希望用这种方式来处理生活难题，这样一来，优越情结就会带来优越感，并不需要在乎社交。如果某个自负之人，能将自负和社交完美结合，那他所做的事情便是有利于生活的，而且这样的人总能够做出一番成绩来。要是他对社交兴趣寥寥，便是尚未做好处理生活难题的准备。如我们所讲，犯罪分子、自杀者、精神病人和问题儿童都属于这类人。

在讨论自卑之人与自负之人的关系前，我们不应随意推断出任何结论。如前文所述，人们皆会产生自卑心理，可这样的心理问题并不一定是病，相反，适度的自卑可以刺激出正常的发展和奋斗。唯有当自卑占据了人内心的顶峰，那人不再往积极的方向前进时，自卑情结才会成为一个负面的存在，让人无法以发展的眼光看待自己，变得抑郁。对这种存在自卑情结的人来讲，优越情结是躲避生活难题的途径之一。他认为自己是优秀的，然而情况并不是这样，这样自欺欺人的心理安慰只是稍稍掩盖了他的自卑情结而已。一个心理正常之人是不存在优越情结的，甚至没有任何优越感。可他还是会为了那种自负感而去努力。这样的心理是世人皆有的，是希望取得成功的动力之一。这样的努力若以事业的形式得到体现，便不会引出负面的价值观，而负面的价值观正是精神病产生的根本病因。

有个案例，讲述的是一位患有强迫性神经衰弱的女孩，对于目前讨论的话题来说，这个案例是具有启发意义的。那是位年轻姑娘，她和姐姐关系很好。姐姐总是备受他人的欢迎，是极具魅力的一个人，这一点是非常重要的，因为在一个家庭里若有一个人在某些方面做得很好的话，那么其他人就会受到一定的牵绊。这个人是谁并不怎么重要——无论是母亲、父亲，还是子女，但对其他家人而言，处境是困难的，有些时候，他们还会觉得难以承受。

在这样的家庭里，女孩慢慢长大了，她认为自己被约束了。要是她产生出对他人的兴趣，并对个体心理学略知一二，那么她定会选择另外的出路。然而，她总是紧张不堪，因为她在姐姐面前感到自卑，并形成了自卑情结。

在她二十岁时，姐姐有了自己的家庭，她就产生了要在婚姻上和姐姐一较高下的想法。她逐渐远离了健康的生活风格，开始产生自己是罪恶之人的念头，之后，又认为自身拥有带人进入地狱的魔力——我们将这样的魔法看作是表达内心自负的方式。她不断埋怨自己的这个魔力，就像是我们总在生活中听到有钱人不断埋怨自己腰缠万贯那般。她还认为自己能够像神一样挽救将赴地狱之人。在幻想中，她认为自己的权力是高于姐姐的，也唯有用这个办法，她才可以超过自己的姐姐。因此，她总是埋怨自己现有的某个能力，在她看来，只有那样才能证明自己真的拥有这种能力，她才会觉得开心。

对于姐姐而言，她曾经备受家人喜爱。在某段时期里，她是家中独女，可以说家人们所有的爱都集中在她一个人身上。三年之后，妹妹出生了，彻底改变了姐姐在家中的地位。从前，大家总是将注意力放在姐姐身上，如今她的地位已经被动摇。因此，她逐渐变得好战。然而，只有在弱者面前，才会有好战这种情感产生，这样的孩子并非真的有自信心，他们只会和那些弱于自己的人比赛，一旦失去了这样的机会，就会变得狂躁。正因如此，家人们不再如以前那般宠溺她了。

姐姐不再像原来那样受家人喜欢了，因而开始讨厌自己的妹妹，她认为母亲是罪犯，就是母亲将这个新生命带到了这个家庭里。这就是她讨厌母亲的原因了。然而，婴儿毕竟是婴儿，就其本身来说，定会受到长辈的关心和疼爱，从而处于有利位置。她无须去奋斗，就是家中的小公主，被家人喜爱，是家中的核心。甚至可以说，有时候，她只需要遵循美德就能够战胜他人。

好，我们来谈谈美德，看一下它会不会产生效果。我们做一个假设，如果放任不管的话，孩子就会变得听话，比较容易管教。当被放纵的孩子进入校园环境中时，他们原本有利的位置就会发生改变，从那个时候开始，我们就能够发现他们对生活产生了质疑。

这个事例中的妹妹就属于这种情况。她不断学习各种技艺，比如钢琴和缝纫技术等，可每次都会很快败下阵来，到最后对社交失去了兴趣，不爱外出，越来越忧郁。她认为自己的生活充斥着姐姐施与的阴霾，她愈加忧郁，也愈加脆弱，最终内心开始扭曲。

在工作中，她常常犹豫不已，什么事都做不成。她始终在和姐姐比赛，但她的婚姻一点也不成功。在她三十岁时，她和一个患有肺结核的男子结婚了。她的父母是不同意她这么做的。尽管如此，她还是倔强地那么做了。

过了一年，她再婚了，男人比她大三十五岁。不管是和年长自己很多的人结婚，还是和有过婚史的人结婚，不难看出的是，这些选择都受到了自卑情结的影响。在受到重大阻碍时，这类人或许会显得很胆怯。这个女孩没有办法从婚姻中获取优越感，于是找了另一个途径，开始不住地清洗双手，她觉得人生在世，最要紧的莫过于保持洁净。她在和别人接触后，或是碰到某些东西后，就一定要洗手，在这种情况下，她越发孤立了。

所有的现象看来都是自卑的反映，可这个女孩却认为自己的内心是世间最纯净的，她不停地指控和批评别人，认为别人并不像她那样在清洗这件事上有很高的要求。她很希望自己能够变得优秀，以这种虚拟的做法，她成功了，她确实成了世间最纯净的存在。因此，我们发现，在这个女孩身上，自卑情结逐渐转变成了自负，差别只在于表现形式有异罢了。

自大且利益至上的人

我们还可以在那些自大且利益至上的人中发现相同的情况，他们认为自己是皇帝，是基督，是耶稣。然而，那些人在生活中是做不出什么贡献的；他们看上去像是在真情演绎着他所负责的剧情。然而他们并未融入生活。回望他们的过往，我们看到，他们是相当自卑的，从而用了一种丝毫没用的办法来生成优越情结。

还有一个案例，患者是一个十五岁的男孩，由于头脑中产生了幻觉而住进了精神病医院。在一战爆发之前，他幻想自己是过世的奥地利统帅，还说在梦里这个统帅将位子让给了他，让他带领军队抵抗外敌。他不过是个孩子。就算人们拿出真实的新闻报道给他看，还是动摇不了他内心的想法，他还是坚持认为统帅已经去世了，并在自己的梦境中出现过。

一战前后，个体心理学正着手研究睡觉的姿势对心理的影响。一些人在床上蜷缩着，将被子盖在自己的头上，这就体现出了自卑情结，那么，我们能不能说那些人是没有胆量的呢？另外，我们在见到身材高大的人时，可不可以认为他们在生活中处于弱势呢？从观察中我们可以得出，那些在桌上趴着睡的人大多数是强势且执拗的。

为了弄清楚做梦时的姿态和清醒时的举止有什么关系，我们对男孩进行了观察，发现他在睡觉时会将两只手臂交叉放于胸前，像图画中的拿破仑那样。

翌日，我们问他："关于那种睡觉姿势，你会想起谁？"

他答道："我老师。"

这个答案一度令我们疑惑，直到我们想到，那个教师或许和拿破仑有些像。实际情况确实是这样的。男孩非常喜爱那位教师，希望变成他那样。他想要当一个教师，可家中并没有那么多钱供他念书，他只能在餐厅打工，那儿的客人都笑话他是个矮子。他不能忍受，总想远离那种被人欺辱的感觉，可他却不幸地走向了生活的阴暗面。我们能够理解这个男孩，最初，他的内心是自卑的，因为他本身有缺陷：身材比较矮。可他不停地想要获得优越感，他希望成为一个教师，可由于自身目标受到了阻碍，他误入歧途，发现了另外一个看似不错的生活目标，在自己的梦境与幻想中，他获得了优越感。

自我炫耀

不管行为是否有意义，都能实现对优越感的追求。比如说，有人乐于助人，实际情况或许是以下两种之一：第一种是他们很容易融入社会，很乐意给予他人帮助；第二种是他们只是为了炫耀自己的财富。实际上，心理学家们时常会碰到诸多夸夸其谈之人。

他们的目的是为了自我炫耀。有这样一个案例，有个男生在学校毫不出众，实际上，他的德行不是很好，甚至有偷窃和逃学的行为。然而，他始终在吹牛皮。他之所以会做这些事情，都是因为他内心潜藏着自卑情结。他希望用某种方法来获得不错的结果，可那只是虚荣心在作祟罢了。然后，他就去偷钱，买花买礼物送给妓女。某日，他开着车前往一个较远的镇子，然后租了一辆马车，驾着马车在镇里骄傲地兜风，直到有人把他抓走。他所做的一切都是为了让自己看起来比其他人更加优越，比真实的自己更加优秀。

我们之前就已经讨论过了，罪犯也会有相似的嗜好，偏爱炫耀成功。纽约的媒体曾报道过这样一则新闻，一个盗贼在进入某个女教师家里偷窃时遭遇了阻碍，他们进行了一场颇有意思的探讨。小偷对那教师说，是她不够明白，用常规方式老老实实赚钱是很辛苦的，而做小偷比常规工作更赚钱。这人已走向了生活的负面，产生了一种优越感，他认为女教师没有自己强大，他能想到办法，而她却不能。他会不会觉得自己是个懦弱之人呢？不会。他甚至还会认为自己是个大人物呢。

有些人选择了死亡，他们视其为远离世界和一切困境的途径。从表面上看，他们似乎不关注任何事物，甚至有一种优越感，事实上，他们的内心是懦弱的。我们可以发现，优越情结常伴随着自卑情结而产生，我们需要找到其中的关联，虽然这种关联看似对立，却一定是和人性相一致的，就像我们之前所说的那样，这种关联若是被找到，那么自卑情结和优越情结就能得以诊治。

第四章 生活风格

谷底之松和山巅之松决然不同。纵然皆为松树，可由于生长环境的不同，其生长方式也注定不同。树木对环境的适应性往往会体现在其生长方式上。我们将树木放在同一环境中，可以看到其生长趋势和预料的相同，那是由于每一棵树在生长过程中都遵循着自身模式，但那绝非只是对环境的机械反应。

人类亦是如此。在某些情况下，我们需要探究生活风格和周围环境的相互关系，以及因环境而发生转变的个体思想。人若是居于有利地位，其生活风格会显得十分混沌，一旦进入了全新的环境，在面对困境时，生活风格就会发生变化，逐渐变得清晰。因为经过专业训练，心理学家能够在自身处于有利地位时认清当前的生活风格。当然，当个体处于困境之中时，就算毫无心理学背景，也依然可以认清自身的生活风格。

生活和游戏不一样，总会有些不幸的事情发生。我们的身边总是存在着各种各样的困难，当人们遇到困难时，我们一定得认真探究他们的反应和性格特点。如我们前文所说，生活风格是个统一体，它来自于早期的生活困境，并使人不停地追求着某种目标。

和过去相比，我们更加在乎未来之事。为了了解某人未来将发生何事，我们得先了解清楚他具体是怎么生活的。无论是刺激，还是驱动力，抑或是本能，都无法告诉我们个体的未来之事。有些心理学家打算用观测本能或是创伤的做法来给出一定的结论，可经过研究发现，一切元素都已事先营造出了某种生活风格，所以，不论他们看到了何种信息，那些信息都只是对生活风格的强化罢了。

我们见过那些存在生理缺陷的人被自卑折磨的具体过程，他们总会紧张不已，尤其是在面对困难时。可他们不会任由自己长时间忍受下去，自卑情结会促使他们采取一定的行动，实现自己的目标。一开始，个体心理学将个体面向目标的不间断活动称为“生活计划”，然而，人们偶尔会产生误读。现如今，它被赋予了一个新名字——“生活风格”。

人们皆有各自的生活风格，因此在某些时候，从言谈和询问的方式便能推断出个体的未来走向。这就好像看舞台剧，在看到第五幕时，一切谜题都被揭开了。我们能够用这样的方法来推断个体在生活中所碰到的具体难题。所以，借助一定的经验和部分事实便可知道，陷入自我孤立的孩子会有怎样的未来；抑或是，若是有人想要获得他人支持，那他将来会怎样。或许他会犹豫不决，不再继续寻找，远离那些生活中亟待解决的困难。

我们就这样得出了某个结论，毕竟我们经历了无数次相似事件。那些人讨厌面对困难，希望得到他人的宠溺，逃避生活的难题，一股脑儿地关注着其他事，从不会为了重要的事而拼搏。他们不太喜欢外出，最终变成了问题儿童、神经症患者、犯罪分子，甚至是用自杀的方式逃避现实。如今，我们能够更好地理解这个问题了。

基于此，在了解了个体的生活风格后，我们便能以正常的生活风格作为参考基准，将适应性强的生活风格作为标杆，进行比对，找出特殊性。

不同的生活风格

现在我们来讨论一下，如何定义一般的生活风格，以及如何用这种方式来寻找特殊性，并找出错误。

人们皆有各自的生活风格，而我们不能简单地对人进行分类。世上不可能存在一模一样的两片树叶，同样的道理，世上也绝对不存在两个完全相同的人。大自然是富有多变性的，存在各种未知，人与人之间的差别正是由这些因素所决定的。我们在这里所进行的智力分类，是为了弄清个体间的相似之处。我们用智商的高低去评判和区分个体，能够得出更为清晰的结论。当然，我们不能始终用同一标准来划分，还需要用最有效的办法总结出人们的相似之处。如若按照更加严谨的方法来分类的话，意味着我们将个体分到某个类别后，便不能再将其归入别的类别了。

有那么一个案例足以说明我们的想法。一提到不擅社交之人，人们就会想起那些生活无聊、不爱与人交往的人。这便是类型划分的标准之一，可能也是最好的标准。那些偏爱观察事物的人和喜欢口头表达的人，他们的个人兴趣是不一样的，然而，他们或多或少会在社交过程中遭遇困难，无法向同伴寻求帮助。因此，要是我们没有找到合适的分类标准，仅仅是抽象的说法，那么就会很混乱。

我们现在来探讨一下那些作为参考标准的所谓的普通人。一般而言，他们的生活是以社交为导向的，这种生活风格潜移默化地推动着社会的发展。在心理学上，普通人足够勇敢，也拥有力量，能够面对和解决生活难题。精神病患者则没有这两个特征，他们难以真正地融入社会，也没有办法适应正常的工作和生活。

有这样一个案例，一个三十岁的男人，生活风格出现了失衡，他常常在问题即将得到解决时临阵脱逃。他总是猜疑朋友，因此他和朋友的关系不是很好。猜疑只会阻碍友情的发展，双方总会处于彼此提防的状态。即使他周围总围绕着不少人，但现实情况是他不曾拥有真正的朋友，他没有真正关注过某个人，不爱和他人待在一块儿，和他人在一块儿时也不爱说话。他说有人在时，他有点不知所措。

他在讲话时常常会面红耳赤，甚是害羞。要是他可以改善自己的情况，他就能够很好地表达自己的观点了；他很需要得到他人的援助，而非责备。他很清楚自己是不受他人欢迎的，这让他更加不爱和他人交流了。他和别人接触，仅仅是为了引起他人关注而已。

他在社交方面还存在另一个障碍，具体来说是工作上的。他常常担心自己无法做好某件事情，因此，他没日没夜地学习，以至于劳累过度，更做不好工作。

我们可以从他的生活风格上看出他一直有很大的压力。那是由于他的内心是极为自卑的，他认为自己很差劲，身边的人不甚友好，自己也不能适应新环境。他像是整装待发，打算即刻采取行动似的。

我们现在已经有很多线索来勾描出这个人具体是怎么生活的了。他很想迈开腿往前走，但是又犹豫不决，他实在是太担心失败了。他似乎面对着一个深不见底的深谷，心里十分不安。尽管他希望能走出去，可在条件允许的情况下，他更愿意待在家中，不和他人打交道。还有一个问题，那就是他无法克服感情障碍，在这个问题上，很多人都没做好充分准备。他在和女性接触时总是很纠结。他很想开始一段恋情，希望和别人结婚，可由于自卑情结又对未来忧心忡忡。他难以获得希望拥有的那些东西。“是啊，可……”这样的话，能够体现出他的态度。后来，他又喜欢上了另一个女孩。在一般人看来，应付一个女人要容易得多，但精神病患者总是会出现这种情况，他们觉得拥有两个女人会比应付一个女人要轻松些。背叛、出轨或是一夫多妻之类的情况，便是这样的心理在作祟。

这样的生活风格究竟是怎样形成的呢？个体心理学是这么说的，我们每个人在四五岁时就有了自己的生活风格，对于这类人而言，那个时期一定发生了某些悲痛的事情，对他们的内心产生了影响。因此，我们需要将这个具体事件找出来。他因为一些东西而不再对他人感兴趣，不想社交，认为生活只会给他带来麻烦，最好的办法就是远离社交生活，这样就能规避一些困难。他逐渐开始犹豫不决，小心翼翼，找寻一些躲避的方式。

他是家里的长子，我们之前已经说过了孩子在家中的地位是尤为重要的。初期，这个孩子就是家庭的核心，可一旦家中有其他孩子出生，那么其地位就会发生改变。大多数情况会是，内向且不敢往前冲的人会因为依赖他人而得到他人的喜欢。这个结论很容易得出，而问题的关键就在这里了。

我们询问病人以求得到一些线索，“你是家中的第几个孩子呢，第一、第二还是第三呢？”寻找早期记忆的办法在此时也很适用（这个方法我们将在下一章中进行详述），这是相当关键的，那些早期的记忆和画面，是人沿着早期的生活风格的某个部分发展下来的，也就是我们之前所提到的原型。人们在说到早期记忆时，就会提到原型。人的记忆中都会存在某些重要的事物，而记忆对于人们来说是尤为关键的。

不过，部分心理学家不是这样假设的，他们认为那些被忘记的事物才是真正重要的。实际上，这两种观点并无明确区分。人们可能可以找回某些藏于深处的记忆，可并不清楚那些记忆有何意义，他们无法找到那些记忆和当下行为之间的关联。因此，无论我们有没有强调隐藏在背后的记忆，抑或是被忘记的事物的重要程度，最终结果都不会有太大偏差。

早期记忆对人们来说是有一定启发意义的。或许你能听到某个人和你说，在小时候，他母亲会带着弟弟和他一起去采购。他说到了弟弟，我们就可以得知弟弟对他来讲是至关重要的。他还说到曾经有一回，他在出门买东西时，忽然遇到下雨，他母亲将他抱了起来，但是在想起弟弟之后，就重新放下了他，将弟弟抱了起来。他的生活风格被大致地描绘出来了。他常常认为自己不及他人受欢迎。我们可以看到，他为何做不到在众人面前讲话，那是由于他在躲避一些东西，抑或是不想站在关注点上；在友情方面，他也是这样的，在他看来，朋友不够重视自己，因此他并没有很亲密的朋友关系。他总是在质疑一些事物，将鸡毛蒜皮的小事当作是被拒绝或被背叛。

我们还可以见到他所遭受的痛苦已经减缓了他在社交方面的发展速度。他想到母亲把弟弟搂在怀中的场景，认为母亲更喜欢弟弟，还一直在强化这个观念，所以心理压力就变得越来越大。每次出现这样的想法时，他做事情的过程就会变得困难。

能够解决问题的唯一方法便是自我孤立，如此一来，他们就不需要和他人进行比较了。有些时候，这样的孩子会想到世界发生大灾难时的场景：只有自己活了下来，地位无人能及。他们总是自认为优秀，不在乎常识、事实和逻辑，只是按照自我逻辑行事。他们总是躲在自我世界里，希望和外面的世界隔绝。他们并不希望和他人产生联系，可我们不能为此而怪罪他们，要知道他们的思维和常人是不一样的。

生活风格的转变

我们需要帮助那些人培养出对社交的兴趣，让他们可以更加自然地融入社会。那么具体应该怎么做呢？那些人每每感到不安时，都会寻找某些事物来坚定自己的特定逻辑。我们只有在真正了解他们的性格后，重新审视他们一开始的想法，才有可能动摇他们的思想。但那是需要一定方法的。要是医生和患者的关系并不是很亲密，或者说医生不会表现得对患者十分在意，那便再好不过了。因为过度亲密的关系会让医生将自我偏好放在第一位，而非是患者的兴趣。患者并不会意识到这个问题，只会逐渐变得疑虑重重。

让患者不再那么自卑尤为重要，此处并不是说要将自卑情结完全清除，实际上，我们也没有这样的想法。自卑情结其实是有一定正面导向作用的，我们需要做的是帮助患者将目标稍作改变。我们深知患者喜欢逃避，认为他人比自己更加受欢迎。我们一定得使他们意识到自己的想法是存在偏差的，这样他们就会稍微改善一下自己自卑的内心。我们得全面地给他们展现一下他们所存在的错误，使他们意识到自己一直过着紧张不已的生活，好像每时每刻都面临着巨大的困难。我们应该和他们说清楚，害怕他人对未来的发展会产生影响，而这种影响在人们的印象中是极为不好的。

要是这些人在举办派对时能够表现得很好，照顾到每个人的喜好，被邀请的朋友可以乐在其中，那么他们就有明显的进步了。然而，通常来说，我们发现他们在生活中并不是很高兴，另外，也不会提出什么可行性的建议，他们常常讲：“那些人都是笨蛋，不能与他们为伍，我才不想了解他们呢。”他们并没有意识到自己的问题，仍以自我逻辑来思考问题，缺少足够的常识。

个人智力和缺乏常识让他们没有办法了解周围的环境，这是症结所在。如前文所述，他们好像一直过着一种紧张不已的生活，感觉自己始终面临着巨大的困难。以这样的方式生活着，实则是变态的做法，会导致悲剧的发生。

克服抑郁

我们来看这样一个抑郁症案例。抑郁症是一种极为普遍的病症，是能够治疗的。对于抑郁症患者而言，早在童年时期，他们身上就出现了一些相关迹象。每当进入全新的环境时，很多孩子都会出现抑郁的症状。

这个案例中的患者大概发作了十次，一般是出现在更换工作时。要是他做的工作是他比较熟悉的，那他就能够被定义为“正常”，可他不仅不想出门，而且还总想支配他人，如此一来，他连一个朋友都没有，甚至到了五十岁还没有结婚。

我们可以通过他的童年经历来分析一下他的生活风格。他曾经极其敏感，总爱和人吵架，以自身的缺陷和痛苦为由头来指使兄长和姐姐。他对我们说，在他还只有四五岁时，某天在沙发上玩闹，他将其他孩子全部推倒在地。在阿姨骂他时，他说："就是因为你总是这么骂我，我的人生才被毁掉的！"

他的生活风格就是那样，总想着去控制他人，常常埋怨自身有哪些缺陷，还说自己遭受了极大的痛楚。长此以往，性格使然，抑郁症随之而来。这种精神疾病体现了内心的软弱。很多患有抑郁症的人都爱讲这样的话："我彻底毁掉了自己的人生，我已经一无所有了。"一般说来，那些人曾经都受到过他人极度的宠溺，可后来又不再受宠，因此他们的生活风格受到了影响。

人类和动物在适应环境方面是有相似之处的。在相同环境下，兔子对环境所做出的反应，和狼、老虎等动物很不一样；但人类的反应却和那些猛兽一模一样。曾经有人做过一个实验，把三个性格迥异的男生带到狮子笼前，以测试他们在头次见到猛兽时会出现何种反应。一号男生转过身说："我们离开吧，回家。"二号男孩说："真是太有意思了！"他希望让人们觉得他很有勇气，可他颤抖着讲话的样子已经暴露了他的本性，他是非常胆怯的。三号男孩则说道："我想要吐口唾沫在它的身上。"我们看到了三个不同的反应，看到了同一环境下的三种不一样的处世态度。

我们还可以看到，大多数人的内心其实是充满恐惧的。在社会环境中，恐惧感会导致个体很难适应社会环境。有个出身贵族之人，从未想过要为自己的生活而努力奋斗，却希望他人能够支持他，照料他。他看上去并没有什么能力，所以一直都没工作。连他哥哥都不怎么喜欢他，还对他说："你怎么这么笨啊，什么工作都做不了，一无是处的家伙。"接着，他就开始饮酒，过了几个月，他进了医院，诊断结果是酒精摄入过量，之后在医院整整住了两年之久。医院的治疗暂时缓解了他的症状，但就长期而言，并无多大意义。他被送到社会时，还没准备好。即使出身名门，可他一职难求，除了做体力活。没过多久，他开始幻想，常常感觉有人在折磨他，这使他没有办法好好工作。一开始，他由于过度饮酒而无法工作，之后，因为幻觉而无法工作。我们发现，单单让上瘾者戒掉饮酒是无用的，我们一定得找到并改正这种生活风格里面的错误。对这个患者来讲，他之前被过度宠溺，总想要得到他人的帮助，因此，他其实完全没有准备好去独立工作。

我们一定得帮助那些人逐渐变得独立自强，唯有他们了解到自身生活风格里的错误，才能够变得真正独立。这类人需要进行有用的技能培训，只有这样，他们才能在家人面前抬起头。

第五章 早期记忆

我们在前面已经阐释了生活风格的重要性，接下来将会提及早期记忆的话题，这可能是对生活风格最好的理解方式了。回想一下曾经的经历，我们能够看到，早期形成的生活风格比日后所有的训练都有效。

某些患者总是在埋怨。若将他们的早期记忆和他们所埋怨的事实进行对比，我们会发现，在绝大多数情况下，生活风格是没有发生变化的。人没有变，性格没有什么不同。就像我们前文所证实的那样，生活风格以寻求优越感为目的逐渐被构建起来，所以他的一言一行和各种情感都需要被认作是在努力奋斗。在某些时候，特别是在早期阶段，这点尤为突出。

我们不用把近期记忆和早期记忆分得特别清楚。在近期记忆中，个体生活风格也同样重要，只是在早期记忆中更易找到。早期记忆启发我们找到个体前进的道路，从而找到基础主题，并确定个体生活风格并未发生变化。

患者在回想以前的事情时，我们能够确定他们记忆中的事物正是他们在潜意识中想要记住的事物，我们可以从中寻找到他们的性格特征。不得不承认，生活风格和原型的建立与被忘记的记忆紧密相关。然而，一般来说，回想潜意识中的记忆是较为困难的。潜意识记忆和有意识记忆的性质都是面向优越性这个目标的。对一个完整的原型来说，它们皆是组成部分。所以，要是有可能，我们不仅要了解有意识记忆，还要了解潜意识记忆。这两种记忆对于我们研究的整体性都是极为关键的，但一般来说，个体无法清楚地认知到这两种记忆，只有旁观者才有可能理解并做出分析。

何为有意识记忆？部分人提及早期记忆时会说“我都忘记那些事情了”。我们一定要为那些人营造出一个环境，让他们真正投入其中，将曾经的事情都想起来。通过这样的做法，他们多少都能想起一点东西。然而，他们在最初的忸怩态度说明了他们并不愿记起儿时的经历，对此，我们就能够做出以下结论：他们在童年时期并非很快乐。为了将想了解的事物弄清楚，我们得激励他们，同时给他们一点线索，实际上，他们通常都会想起某些事。

从另外一个层面上来说，有些人居然可以想起他们在一岁时候的事情。事实上，这几乎是无法做到的事情。那些回想出来的事或许并未真实发生过，而是想象出来的。可不论那些事情是幻想还是现实，都是人性的体现。

有些人说，他们不知道那是否真的是他们经历过的事，那些都是父母在他们逐渐长大之后对他们说的。实际上，这点并不是很重要，就算父母曾经对他们说过，他们也将这些记忆深藏了，所以，我们还是可以判断出他们的关注点。

记忆的分类

如前文所述，用某种特殊目的将个体分类是较为简单的方式。对早期记忆进行分类可以展现出各种类型的人具体会做出何种行为。例如，某人回忆起从前看到过一棵圣诞树，上面挂着一盏盏彩灯和一件件礼物。这其中最有意思的就是“他见到了那些东西”这件事情。为什么他会对我们说他所见到的那些东西呢？那是由于他认为那些视觉范围内的事物是具有一定吸引力的。或许，他过去在视力方面患过某种疾病，另外还受过一定的训练，之后就会异常关注视觉范围内的事物。或许，即便那并非他生活中最为重要的一部分，可也算得上是有价值和有意思的部分。给我们的启发是，我们可以给他介绍一份和眼睛相关的工作。

我们总是会在孩子的教育问题上忽视孩子的类型。我们能够看到，注重视觉的孩子不能完全集中精神听教师讲课，原因就是他们拿出了部分精力来看眼前的某些事物。我们在教育那些孩子时需要有耐心，让他们学会听教师讲课。学校中的很多孩子在学习过程中只会运用一种方式，只拥有单一的力量。他们只会用眼睛，或是用耳朵，也有部分人喜欢采取一定的行动。性格各异的孩子，其表现方式往往也是不一样的，所以，如果教师偏爱某种教学方式，并让这种教学方式占据了主导地位，那么孩子的发展就会受到羁绊，比方说“爱动手”和“爱观察”的孩子会很烦恼。

有这么一个案例，一个二十四岁的年轻男人，总是感觉晕眩。我们问他对以前经历的印象，他说，当他只有四岁时，一听到发动机发出噪声，就会立刻晕倒在地上。他所记得的，是所听到的具体内容，从中能够看出，他对听觉是较为在意的。我们不需要分析他出现晕眩的原因，从其童年经历来看，他对声音是极为敏感的，难以忍受任何不好的声音。所以，那些刺耳的声音对他造成了严重影响，对此我们无须感到惊讶。成年人或是孩子总是会对某些特定的东西感兴趣，这是由于他们过去在这类事情上受过一定的伤害，或是他们存在某些缺陷。如前文所说，患有哮喘的人也存在这样的问题，在童年时他曾经被人捆起来，导致肺部遭受了挤压，觉得难以呼吸，因此，他很关注呼吸方式这件事。

有些人将注意力都放在了食物上面，他们所记得的事都和食物相关，似乎在他们看来，食物是最为重要的东西，他们关注的是如何吃、吃何物，以及排斥哪种食物。在一般情况下，我们能够知晓他们在童年时期在进食问题上遭遇过困难，由此增强了他们对“吃”的重视程度。

在某人的记忆中存在走路的相关印象。有一些人在刚出生的那几年因为身子虚弱而难以像常人那样行动，导致他们在日后对运动尤为感兴趣，但做事情时始终会很浮躁。接下来这个案例就说明了这个观点。

某个男人，已经五十多岁了，他对医生讲，他每次和别人一起横穿街道时，都会觉得他们将被突然出现的车撞飞，可每次他一个人横穿街道时，却从来不会担心什么，可以很镇定地穿过街道。那种急迫想要救人的欲望，只有在和他人同行时才会出现。他会紧紧拽住对方的手臂，将其推至一边，这样的行为往往会引起对方的愤怒。我们可以分析一下他这么做的原因。

我们问了他儿时的记忆，他说，当他只有三岁时，身体不是很好，患了软骨症，曾经有两次在路上还出了车祸。如今，他已经长大成人了，因此，在他看来，跨越障碍这件事是很关键的，换句话说，他希望向他人证明，除了自己，便没有人知晓如何横穿街道了。他每次和他人在一块儿时，就会见缝插针地企图证明这一点。然而，绝大多数人都是会横穿街道的，那并不是值得自豪或自我炫耀的事情。可患者却强烈地想要炫耀自己所拥有的某种能力，并极力去证明。

还有个案例，一个极不懂事的男孩总是盗窃、逃课。他的行为使父母对他彻底失望。儿时的他就像患了多动症一样，总是停不下来，是个急性子。现在的他在父亲的公司上班，经常一整天都呆坐在位子上。医生关注到事情的本质后，治疗方法之一便是让他去做销售工作，前往各个地方出差。

记忆的内容

童年记忆是最为重要的一部分。在童年时期，见到亲人去世这件事会对人们产生一定的影响。有的人会变得很奇怪，将一生的努力贡献在死亡这件事情上，并用一些办法和死亡做斗争。一部分见过死亡之事的孩子在长大之后会喜欢医学研究，立志成为一名药剂师或是医生。这样的人生目标绝对是正向发展的，这么做，他们可以帮助自己对抗残酷的死亡，同时还可以帮助他人。

但是，个体的发展道路往往是自私的。一个孩子受到了姐姐死亡的打击，我们问他长大之后想做什么，我们想听他说成为医生，但他说去挖墓。我们又问他为何想做此事，他的解释是希望埋葬他人，不想让他人埋葬自己。类似这样的人生目标并非正向发展，那个孩子只想到了自身。

有时候，人们经常会对某一方面的事情尤为感兴趣。举个案例，某个孩子说："有天，我照顾了妹妹，本来照顾得挺好的，后来我把她放在桌子上，但是桌布被什么东西钩住了，我妹妹就这么掉了下来。"那是个四岁的孩子。四岁的孩子需要照顾一个比自己还小的女孩，那确实是太不容易了。我们能够从中得知，那个孩子会被此事影响，即使她在那个时候确实想好好保护妹妹。在她成年之后，她嫁给了一个善良且总是顺从她的男人，然而，她表现得尖酸刻薄，始终认为丈夫会出轨。我们就此推断出，那个丈夫会厌烦她，并逐渐将感情全部放在自己的孩子身上。

人们在处于紧张情绪中时，更能清楚地表达出自己想要说的话。有的人会记得自己曾想伤害家人，甚至将他们置于死地。那些人不在乎他人的事情，只在乎自己，不会对他人产生爱慕，常常在他人的面前表现出仇视的态度。在原型形成时，这样的感情就已根深蒂固了。

我们身边就有这样的人，他们是失败者，每当和朋友同事相处时，总觉得他人会更加受欢迎，有时候还会怀疑他人总想超越自己。因为总是会产生这样的想法，他们无法真正融入到社会中。他们在工作岗位上总会表现得异常不安，在婚姻和爱情中亦是如此。

像这样的人，就算我们没有办法将其完全治好，仍然可以通过解析其童年记忆，让他们得到一定的缓解。

我们曾经治疗过一个男孩，本书其他章节中也曾提到过。某日，他和弟弟跟着母亲去购物，不料天下起雨来，他母亲先是抱起他，不过当母亲看到弟弟时，又将他放下，转身将弟弟抱了起来，于是，他便认为母亲偏爱弟弟。

如果我们可以洞察到此类童年记忆，便能够推断出患者在日后会做哪些事情。但是，童年记忆只是暗示而已，不是根本原因。童年记忆代表了过去事情的发展轨迹，使个体设定出一定的目标指向，在向目标前进的过程中，个体逐渐开始关注某些特定的事情。例如，某人曾经在性方面遭受过一定的伤害，他也许会因此对“性”尤为感兴趣。当我们询问他的童年记忆时，听到了很多关于性的事件，那是无须惊讶的。有些人在童年时期对性的感兴趣程度远甚于其他事物。人类对性这个话题的喜爱是极为正常的。但是，兴趣可以分为不同程度，形式也是具有多样性。我们总可以看到此类事例，和我们诉说“性”的人，在日后会按照这个轨迹走下去，他的人生并不完整。生活是具有多面性的，着重于某一方面是片面化的。有些人的观点是，所有的事情都和性相关；但有人认为，人类最重要的器官是胃。

在那些事例中，童年记忆和日后的性格息息相关。

被宠溺与被敌对的孩子的记忆

我们在这里将话题放到那些备受宠溺的孩子身上，他们的童年记忆可以清晰明了地反映出性格特征的形成。那些孩子总是会说到他们的母亲，这样的现象是正常的，可这也意味着他们希望得到宠溺。有时候，童年记忆看上去并没什么特别的地方，可认真想来却有一定的研究价值。举个案例，有人这么说："我在屋子里面待着，母亲就在柜子旁边站着。"看似无意义的一句话，因为提到了母亲，就已揭示了他的关注点所在。

有时候，对母亲的关注越模糊，越会加大我们工作的难度。我们得去主动推断他对母亲的想法。如此一来，患者或许会说："之前有一回，我去了一个地方玩。"要是你问到他和谁一同玩的话，他就会回答是母亲。也有可能他会这么和你说："我之前有一整个暑假都待在乡下。"我们就可以推断出，他和他母亲待在一块儿，如此也能看出其母亲对他有所影响。

在研究了部分人的童年记忆后，我们能够看出，他们极为渴望被宠溺。我们还知道，在那些孩子的成长过程中，他们逐渐关注起母亲所做的一切，在他们的脑海中，有相当大的一部分记忆都与此相关。这对我们的研究来说是很关键的，要是孩子或者成年人告诉我们类似的记忆，我们可以判断出他们常常会认为自己正在和某些事物渐行渐远，或是说他们更偏爱另外一个事物。我们可以见到某种紧张的情绪，暗示着那些人在日后或许会产生嫉妒心。

有个男生，所有人都不知道他是怎么考上高中的。他总想出去玩，不想坐下来认真学习，总想做些学习之外的事情，常常去咖啡店，偶尔去看看朋友。他把时间花在了这些事情上，并非学习上。研究他童年时期的记忆是极有意思的。他说："在我的记忆中，我在摇篮之中躺着，考试不太适合我。"他完全无法专注于学习，心思总是放在其他事上，譬如，抓几只兔子来玩玩这样的事。显然这些事完全没有价值。由此可见，他就是彻底被宠坏了，独立对他来说是相当困难的事情。

被人忽略或被人厌烦的孩子并不多见。要是某个孩子在刚出生时就开始被人厌烦或忽略，那么他就很难生存下来，甚至说很快就会面临死亡。一般来说，孩子的父母是疼爱孩子的，会尽可能地为他们实现愿望，然而，我们确实见到过一些被人忽略或被人厌恶的孩子。那些孩子往往是忧郁的。研究显示，他们的记忆通常是被人批评、被人谩骂、被人厌恶的场景。

比如，某人总是不敢走出家门，因此去咨询了心理医生。

他在童年时期常常遭到母亲的打骂而时常逃离自己的家。有一次，他不小心掉入了池塘，差点死掉。我们能够从此事中得知，他因为远离自己的家，而使自己陷于险境，从那时起，他一旦出了家门就会胆战心惊地观察周围是否存在危险。他之前是个聪慧的孩子，可因为担心会有危险发生而整日犹豫不决，成绩难以得到提升。后来他上了大学，他担忧自己无法和其他同学竞争。这些行为都能够追溯到他的童年记忆。

还有个案例也证明了这点。那是个孤儿，大概在一岁时就失去了父母，那个时候，他并没有得到他人的照顾，因此，在他长大之后，就患上了社交困难症，很难交友，甚至工作也异常忙乱。在研究了他的童年记忆后，我们得知，他经常认为他人比自己更加受欢迎，这样的感觉在他成长过程中占据了主导地位。另外，他经常认为他人不喜欢自己，这让他难以解决生活中的诸多困难。他不像常人那样经历生活，此处指的是“和同伴交流”的经历，例如友情、工作、爱情和婚姻。因为他内心自卑。

还有个更加有意思的案例，一位中年男子经常担心自己失眠。他四十六岁，已经结婚了，有儿有女。他一直对周围人十分挑剔，特别是对家人，总是表现出一副蛮横的样子。每个人都觉得他的举动是令人难以忍耐的。

我们问了关于他童年的记忆，他告诉我们，那个时候，他的父母经常吵架吵得很厉害，甚至会打起来，因此，他在面对自己的父母时心里是恐惧的。因为没有人照顾自己，他经常脏兮兮地赶到学校上课。某天，一个教师请假了，另外的教师来代课，代课教师高贵且充满善意。她认为这个肮脏的小男生是有潜力的，于是激励了他。那是他出生以来第一次被人如此对待。自那之后，他逐渐向正向发展，似乎背后有什么人在推动着他。他并不认为自身是有充足能力的，所以他将大量的时间和精力都花在了学习上。长大之后，他保持了这样的习惯，每天至少用半个晚上的时间工作，甚至整晚不睡。他花了大量的时间来思考人生。在他看来，如果有事要做，那么即使需要用整晚的时间也是值得的。

随着时间的推移，这样的心理在家庭中体现了出来，他将自己的想法强加在了家人身上。家庭中的成员比他弱小，他开始扮演征服者，显而易见，他的家人都因此而备受困扰。总而言之，这个人是有自负感的，这也意味着，在其内心深处隐藏着极强的自卑情结。他的不安情绪主要体现在质疑自身能力这件事上，而这样的想法被他的外表所遮掩。研究童年记忆，是能够发现真相的。

第六章 生活风格的外在表现

我们已经在第五章讲述了怎么通过童年记忆与幻想找出人们背后的生活风格。探索童年记忆只是研究个性的一个办法。任何办法都需要遵循一个原则，即从一点出发，通过局部来观察整体。除了童年记忆之外，我们还能够通过观察每个人独有的动作和处世态度来探究人们的生活风格。动作能够表现心态，心态显示了个人是如何看待生活的。

肢体语言

我们先来研究动作。我们会通过个体站立、走路、端坐的姿态，以及面部表情来对个体的生活风格进行判断，即便那些行为并非有意识的，但总会给人留下特定的印象，比如认同或反感。

站立的姿势

说到站立的姿势，我们会立刻想到某人站着的时候是笔挺的，还是弯曲的。然而，我们所要说的是较为夸张的情况，比如站立时过分挺直，像是被什么牵引着似的，很不自然，这让我们质疑个体会不会是故意这么做的，还能够推断出他理想中的自我形象比实际的自我形象要高大许多。从此现象中我们能够得出结论，他们是在体现自身的优越感，他们希望让自己看起来很强大。

还有一些人，总是弓腰驼背，这样的行为能够体现出他们内心的胆怯。当然，科学的态度是严谨的，它告诉我们需要细致一些，要找到证据，不能随意做出定论。有时候，我们自认为观点是对的，可还是会用一些别的办法去做进一步的验证。我们或许会这么问自己：“我们觉得弓腰驼背之人很胆怯，这么想究竟对不对呢？他们在面对困难时又会表现出怎样的反应呢？”

倚靠的姿势

有些人在坐着的时候，总爱将身体倚靠在桌子或是椅子上。他们不够自信，希望得到他人支持。弓腰驼背和倚靠都可以体现出此种心态，所以，要是某人时常表现出这两种动作的话，那我们就可以更加确定上述推断了。

独立思考的孩子、希望得到支持的孩子和渴望被保护的孩子会表现出不同姿态。通过观察孩子的站姿和对他人的态度，我们能够判断出他的独立性。无疑，有许多办法都可以证明我们的判断。如果我们的想法被确认，那我们便可以采用一些方法来弥补他们目前的缺陷，带领他们走上正确的道路。

我们找来一些支持我们研究的孩子做实验。我们让母亲在椅子上坐着，之后叫孩子进入屋内。我们看到他们没有将视线放在他人身上，而是径直向母亲走去，靠在母亲身上或是靠在椅子上，这足以证明我们的看法，他们对母亲是有依赖的。

研究孩子与他人的相处方式极为有意思，可以洞察到孩子的社会适应能力和社会兴趣，还能看出孩子对他人是不是有足够的信心。那些不想和他人接触的孩子，在其他方面上也较为内向，他们不怎么爱说话，总是一副缄默的样子。

距离的远近

现在来看看一位女病人的案例。医生希望她拿一把椅子搬到他身边坐下，可当她拿到椅子之后，她望了望四周，在较远的角落里坐下了。从中我们能够判断出，她只愿意接触一些特定的人。她告诉我们，她已经结婚了，但她只愿意接触自己的丈夫。我们推断出她希望得到宠溺。在独处时，她会感到深深的担忧，她不喜欢离开居住的地方，不爱和他人多交涉。简单地说，我们能够从她的身体语言推断出她的个人情况。

我们还可以通过别的办法来证明我们的结论，她对我们说："我很担忧。"我们都明白担忧是能够控制人们内心的。要是某个孩子或是成年人觉得心里很恐慌，说明他们需要得到一些人的支持。

之前，有那么一对夫妻，他们自认为是思想家，他们觉得，不管是谁都有权力去做自己渴望做的事，不过前提是要让对方知晓。之后，丈夫出轨了，还和妻子述说了此事。当时，妻子表现出无所谓的样子。可之后，她的心里失衡了，不想一个人外出，一定得在丈夫的陪同下才愿意走出家门。不难看出，她借助内心的焦虑来修补双方的关系。

我们现在来看看那些犹豫的、胆小如鼠的人。某个男生在学校里总是一副很羞涩的样子，那种行为标志着他不希望和他人多接触。他没什么朋友，总是在放学回家时莫名恐慌。他走路相当慢，看向前方的道路，一路小跑，甚至在上下楼梯时还得倚着墙边走。在校园里，他的心情并不怎么好，学习也不太好，常常想回家待在母亲身旁。他母亲是个弱小的寡妇，但非常疼爱他。为了深刻地分析这个案例，医生和孩子的母亲深度交流了一次。

医生问这个母亲："到了该睡觉的时候，你的孩子会按时睡觉吗？"

她说："会的。"

"那在睡觉时，他会不会哭闹？"

"不会。"

"他会不会在半夜尿床？"

"不会。"

医生觉得一定是哪儿出了问题，之后他想，莫非那个母亲会陪孩子一起睡？医生究竟是怎么想到的呢？孩子在半夜哭闹的目的是为了吸引母亲的注意，要是孩子和母亲同睡，那么便不用哭闹了；同样的道理，孩子在半夜尿床也是出于这个原因。医生证实了自己的观点，那个男孩确实是和母亲同睡。

要是认真看一下就能够知道，心理医生所看到的细节已经组成了个体生活中的局部。我们在发现目标时，可以得出许多结论，譬如在这个男孩的案例中，我们便知道了，他希望和母亲待在一块儿。用这个方法，可以判断出孩子本身有没有智力障碍，要知道智商偏低的孩子很难做出如此明智的生活计划。

对生活的态度

每个人的生活态度都是不一样的。有的人遇到事情总爱吵架，大声嚷嚷，而有的人则会保持沉默。但是，我们从来没有见到过真正不再努力的人，那种事几乎不会发生，毕竟人性使然，一般人不会轻言放弃。要是我们认为有人打算放弃了，那就代表他们正在面对某个巨大的困难。

勇敢或胆怯

有的孩子看上去毅力不足。一般来说，那些孩子是家中的焦点，家人们都会去教育、激励和照顾他们。他们太渴望得到他人的支持了，因此反而成了他人的累赘。他们通过这个方法去控制他人。这样的想法是由于内心的自卑感在作祟，正如我们之前所说的那样，要是个体不曾怀疑自身能力，就不会用这样的方式来获取成功。

我们可以在一个十七岁的男生身上看到这个特点，他是家中的长子。已知的是，在第二个孩子出生之后，家人的关注点就转移到了第二个孩子身上，长子的地位发生了变化。这个男生逐渐变得忧郁，经常生气，甚至找不到工作。后来，他自杀未遂，此后不久他去看病，对医生说起自己所做的一个梦。在梦中，他用枪杀死了父亲。那些呆滞且忧郁的人，可能会做出一些令人错愕的举动。在学校里怠惰学习的孩子和看上去做什么事情都会失败的成年人，都处于很危险的境地。一般来说，怠惰仅仅是表面上的，如果出现了某些障碍，他们便会产生自杀或是暴力倾向，患上精神病，或是变得神经质。对我们而言，理解他们的精神态度，就意味着攻克了一个难题。

害羞的性格也是很危险的征兆。孩子越是内向，我们越需要小心对待。那些孩子会在未来碰到难题，除非他们可以战胜内向。从古至今，只有外向开朗且勇敢之人的结局是好的，并能在有利的生活因素中获得一定的利益。稍微有些勇气的人在面对失败时便不会如此痛苦，而内向的人在面对生活难题时会躲避，转向生活的负面。长此以往，那些孩子就会发展成精神病，甚至发疯。

我们发现那类人在走路时都是害羞的，和他人交流时会磕磕巴巴，不太会说话，抑或是直接不和他人交流。

上面所说的性格均为个体所呈现出的各种心理状态，并非天生也并非遗传，只是个体在面对环境时的表现。个性是生活风格在感受到一定困难时所形成的，是个体的早期记忆和认知综合作用下的结果，它并不是哲学家们想要得到的具有逻辑性的答案。

我们研究出各种心理状态的发展过程，还有它们作用在孩子和特殊人群身上的全过程。如同我们所知道的那样，较之日后，生活风格在最初形成时更为清晰，更为单纯。原型的形成过程好比树木的成长，两者都会和四周万物融为一体，比如肥料、养分、空气和水，一切都会促进它们生长。

原型是长着干涩果实的树木，生活风格是已经结出成熟果实的树木。在人生的最初阶段，人总是相对简单的，然而，它所呈现出来的东西，在一定程度上会影响成熟时期的状况。例如，在生命初期相对弱小的孩子，其精神态度也是懦弱的。

这个世界满是差异，让我们足以区分懦弱的孩子和好胜的孩子。好胜的孩子在某些时候会表现得格外勇敢，那是一种“常识性”的行为；懦弱的孩子也会表现出勇敢的样子，因为他们想争当第一。这里有一个案例足以说明这一切。某天，一个不通水性的男生和其他几个男生去玩水，他们去的地方水比较深，这个男生为了拿第一差点溺水身亡。男孩的做法并非是勇敢的行为，甚至可以说是生活的负面行为。他会这样做的原因只是为了得到他人的赞赏。他根本没有想到自己会陷入如此大的困境，以为当自己面临危险时一定会有他人来施救。

对命运的信仰

在心理学上，勇敢和胆怯的话题是和宿命论紧密联系的。对命运的信仰会影响到人的能力，有的人优越感比较强，他们自认为懂很多东西，会做很多事情，所以不想去学习。我们都知道这种想法的后果会很严重。一般来说，这么想的孩子成绩都不怎么好。有些人常常爱做一些危险的事情，他们自以为不会遭遇危险，不会碰到失败，可大多情况是，他们并不会有好结果。

我们一般可以在“大难不死之人”身上感受到“命运的力量”。例如，他们也许遭受了比较危险的事情，可并未受伤。经过那件事情，他们就自以为会成就一番大事。我们之前遇到过这样一个病人，他就产生过这样的想法，可在经历了某次事故后，他失去了信心，越来越忧郁，感觉自己失去了精神支柱。我们问他对童年的印象，他说到了一个较为重要的事情。

某天，他计划前往维也纳剧院，可手头儿还有很多其他事必须要完成。当他到达剧院后，发现剧院被大火吞噬，所有东西都付之一炬，而他侥幸存活下来。我们能够想到那个时候他心里的想法，他自认为躲过了一劫，还觉得自己日后一定会干出一番事业，之后所有的事情都会变得顺利，所以当他发现自己的婚姻陷入危机时，他完全不能接受。

对命运的信仰，意义繁多，若要阐释，将会涉及很多范畴。它对人类文明有着强大的影响，也影响着个体的生活风格和心理活动。宿命论会使个体在很多事情上选择逃避，放弃有意义的付出和努力。所以，宿命论不过是一种不存在的心理力量。

嫉妒，以及对男性的抗议

朋友关系的天敌是嫉妒心。嫉妒心源自内心的自卑情结。在人们的内心深处都存在着一定程度的嫉妒心，如果只是停留在轻微程度上的话，并无多大害处，但一定得保证嫉妒心要和自身目标相符，才能促进我们成长，让我们更有毅力去战胜生活中的一个个困难。在这个层面上，我们应该谅解人们轻微的嫉妒心。

因为爱而产生的嫉妒心是更危险且更难以处理的心态，即使只存在一丝一毫也是不好的事。嫉妒心强的人是很难被改变的，无论人们使用何种方式，都收效甚微。嫉妒心的根源是自卑情结，所有嫉妒心强的人在婚姻方面会表现出焦虑状态，认为难以留住对方的心。当个体想要影响他人时，就会体现出嫉妒心，但在本质上他是胆怯的。要是我们看到了那种人的原型，就能在他身上看到挫败感的存在，或许他之前被人抛弃过，因而常常会产生被人抛弃的感觉。

有一种很特殊的嫉妒心，即女性嫉妒男性的社会地位。研究显示，许多女性希望变成男性，我们将这样的心理称为“男性抗争”。这是绝对可以理解的。要是我们用公正的眼光看待周遭之事，便能够看出，在我们的社会环境中，大多数领导者都是男性，他们希望得到公众的爱戴和尊重，然而这在道德层面上是无法被谅解的。

女性会认为，在家庭中男性拥有诸多特权，不需要将过多时间和精力放在生活琐事上，而那些事情都留给了女性。在很多事情上，男性都是相对自由的，这样的自由让一部分女性深感不满，因此，她们希望按照男性的轨迹发展。女性模仿男性的形式有很多种，例如，将自己打扮成男性的模样，有时候，这样的举动甚至会得到父母的支持。此外，还存在一些负面的形式，例如，一定要用男性名称，当他人用女性名称喊她们时，她们会异常生气。这样的行为体现出了更深层次的个体态度，绝非单纯的恶作剧。这种态度是相当危险的，会在日后以其他形式重新出现，譬如不满自己的女性角色，埋怨婚姻，甚至在结婚之后讨厌自己的身份。

女性希望自己可以像男性那样生存，希望如男性那样拥有不错的工作，然而，要是对女性身份太过不满，抑或是沾染上了男性的坏习惯，那会相当危险。危险行为最早会出现在青春期，那个时候原型最可能出现一些难以想象的问题。不成熟的女性在青春期时会开始嫉妒拥有特殊权力的男性，她们通常会模仿男性行为以获取内心优越感，可一旦走上了那条路，就很难回头了。

男女关系的基本要素是平等，所有人都不应该鼓动女性进行“男性抗争”。男女平等能够和自然准则融合在一起，但是“男性抗争”实则是在表达对现状的不满，是在索取优越感。陷入男性抗争中的女性，其性别意识和女性功能会发生紊乱，甚至出现某些严重病症。

究其源头，这样的状况早在童年时期便有所体现。真正想要改变自身性别的人或许并不多见，但我们还是碰到过，有的男性希望变成风情万种的女性，而非普通女性，他们会因此而戴花、涂粉，甚至表现出放荡的一面。那便是他们内心的优越感所在。这类男性出生并成长在以女性为主导的家庭中，所以，他们在成长阶段中，效仿的对象是母亲，而非父亲。

某个男生由于自身性行为上的问题前来咨询。他说自己和母亲的关系很好，但在家里面，父亲的形象并没有那么突出。他母亲是个制作女装的裁缝，婚前婚后都在做这个工作。那个男生经常和她待在一块儿，对她制作的女装很有兴趣，他逐渐开始学着做女装，设计女性服饰。在他只有四岁时，他母亲每天下午四点都要出门，五点返回家中，就这样他懂得了如何判断时间。我们能够得知他对母亲是较为感兴趣的，他很关注母亲每天的作息时间，从而培养了自身判断时间的能力。

在上学以后，他表现得如同女生一样，从来不进行运动，也不玩游戏，其他男生都拿他开玩笑。某天，他们需要表演个节目，你应该能够猜到，那个男生所饰演的角色是女生。他的演出非常成功，甚至台下绝大多数的观众都以为他是个女生。这让他以为，作为男生是很难得到他人赞扬的，但以女生的身份出现就可以获得。这种想法导致他在性行为上出现了问题。

第七章 梦境

在个体心理学的层面上，无意识和意识会齐心协力地体现出个体精神活动的完整性，我们已经在许多地方解释了这点。在之前的两个章节里面，我们分别从个体和整体的角度出发，解释了个体意识中的各个元素，例如态度、行为和记忆。在这里，我们将用相同的方式来分析半意识或无意识生活，也就是梦境生活，这么做的原因是，现实生活和梦境生活都是个体生活的一部分。心理学家始终在奋力寻觅着解析梦境的途径，然而，在我们看来，梦只是表达人类内心情感的一种方式而已。

梦的目的

如我们所知，个体的优越感目标不仅会控制现实生活，同时还是梦境构建的决定性因素。一般来说，梦是生活风格的一部分体现，我们经常在其中找到个体的原型。现实情况是，只有懂得梦境和原型的具体联系，人们才可以确认自己梦境的“真实”程度。另外，若是人们已经很了解那些联系的话，就能够推断出梦境的内涵。

例如，如果个体在现实生活中不够勇敢，那么我们可以推断出，他的梦在很大程度上会指向危险、担忧或是害怕。所以，要是我们认识某人，并知晓他企图逃离现实中比较棘手的难题，那么就可以理解，为何他会做关于坠落的梦。这样的梦境是在警示他：“不用再奋进了，不管怎样，你都会失败的。”他借助坠落的梦来展现内心对自身未来的想法。绝大多数人在经历人生的某个阶段时，都做过类似的梦。

有这么一个案例，一个男生在每次考试前夕总会提心吊胆，无法集中精力。我们了解到这个男生平时做事就比较马虎，如此一来，我们可以想象出他会有这样的反应：最终他会对自己讲，时间不够用了。他希望考试能晚一点进行，因此做了个坠落的梦。所以，梦能够表现出个体的生活风格。

再来看下一个案例，一个有担当的大学生，成绩进步明显，说话做事从不会自我辩解。她在考前那晚梦到自己去爬山，欣赏着山顶的风景，之后便醒了。梦反映出她的生活风格，也体现出她是渴望成功的。

有的人在走到某个特定位置后便会受到潜能的限制。他们的梦境常常是自己难以克服某个困难，或是难以逃离某个人，此外，那种被追逐的戏码往往会出现在他们的梦境中。

接下来，我们将会阐释下梦的目的，但是我们要先说下，若某人对心理学家说："我不会和你透露我的梦境，我根本想不起来，可我能够制造梦境。"心理学家并不会因此而感到气馁，他们很清楚，人所想象的事物绝不会逾越本身的生活范畴，所创造的梦境和真实记忆也较为相似。也就是说，想象和幻想皆能体现个体的生活风格。

幻想未必会完全反映出人们的真实行为，但即使这样，它也能表现出人们的生活风格。例如，我们看到有些人想象中的自我会强于现实生活中的自我，在白日里，他们表现得极为胆怯懦弱，在梦境中却表现得极为勇敢。然而，我们经常看到，他们不愿意做实际的工作，就算是在表现得极为勇敢的梦境中，他们的行为特征也很突出地体现出这一点。

追求优越感，并指向个人目标，这便是梦的目的。个体的一切行为、梦境和特点都能作为工具帮助个体实现自己的目标，无论他们是为了逃避自己的责任，企图控制他人的人生，还是成为公众焦点。

梦的目的是不存在逻辑性的，也难以体现出现实问题。做梦是我们人类释放某种心情、情感或是情绪的途径，我们绝不可能完全明白它背后的意义。尽管如此，梦的性质都是一样的，差别只是程度会有所不同而已。我们现在知道了，个体在内心里已经对生活难题做出了解答，而且这个解答和个体的生活计划息息相关，它们和事先设定的逻辑无法相融，哪怕只是为了使个体的社交关系更好一些。因此，我们需要让它们符合逻辑。如果我们将梦境中的情况和现实生活联系起来的话，那梦境生活就会失去其神秘意味。梦境和现实生活的相同之处在于，二者皆有冲突，都充满了现实困难和情感因素。

在人类的历史文化中，梦始终是较为神秘的一个存在，很多民族都会认为它具有一定的预言作用。梦境被用来预测未来，这样做不完全对，也不完全错。梦境能够体现出人们在现实中所面对的困难，还有他们希望实现的目标。因此，我们时常发现，梦中的场景会在现实生活中出现，而做梦者之前在梦境中所做的事，或许是为日后的现实生活做准备。

和现实生活相同的是，在梦境中，万事万物也是相联系的。要是某个人有较强的洞察力，并且较为聪颖，那么他便可以预测出将来之事。无论他们是在分析梦境还是在理解现实生活，他们都应该先学会判断。例如，某个人在梦境中看到自己的一个故人离世了。在现实生活中，那位朋友确实是去世了。也就是说，做梦者将自身在现实生活中的忧愁和想法融入了梦境中。

梦境具有预测未来的功能，这样的说法是可信还是不可信？我们认为那是迷信，但很多人很坚持这样的看法，而那些拥有特殊能力、可以发掘出其中深意的人自然会利用这一点。关于梦境具有预测功能的迷信想法是需要摒除的，所以我们得解释清楚，为何大多数人很难懂得自己的梦。在现实生活中，鲜有人可以理解我们的观点。极少数人会进行自我反省并自我分析，以便让自身看清楚前方的道路。如我们前文所说，相较于分析现实行为，解析梦境是更加困难且复杂的事情。绝大多数人不会解析梦境，而且根本不清楚其中的关联性，所以才有人向一些江湖术士乞求帮助。

自我逻辑

我们并未直接对比梦境生活和现实生活，而是对比了前文所说的个人逻辑的表现形式，一定程度上而言，这种对比可以帮助我们分析出梦的逻辑。我们描述过罪犯、问题儿童和神经症患者的态度，他们会用某种情绪来劝慰自己接受某个现实。例如，杀人犯会如此说服自己：“生命对那个人来说是没有价值的，所以，我一定要将其杀掉。”他们只是在脑海中想了想，觉得那些受害者的生命是没有价值的，于是就产生了杀人的冲动。

那种人甚至会抱怨，别人拥有一辆好车，但是自己却无法得到。他们过分看重这些琐事，逐渐开始嫉妒他人。他们希望自己可以有一辆好车，之后，梦境就会和好车相关。实际上，我们还可以在历史上有名的梦境中见到此类现象。譬如，《圣经》里约瑟夫的梦境。在梦中，他的面前跪拜着一群人，这和他被哥哥们追赶的现实是匹配的。

还有个有名的梦是希腊诗人西蒙尼德斯的梦。他应邀去小亚细亚教书。他知道港口那儿的船还在等着，但他还是很犹豫，好几次将行程延后。朋友劝解他，可毫无成效。之后，他做了个梦，一位已故的朋友出现在了梦中。之前，那个朋友的葬礼是他帮忙办的。那位故友告诉他："我知道你对我很好，我的葬礼也办得相当体面，眼下，我劝你莫要去小亚细亚。"西蒙尼德斯回答："好的。"之后，本要载他的那只船和船上的人都不见了。他认为自己能活下来都是因为那个梦。然而，在做梦之前，他心里早已有些不愿意前往了，但只是一种情绪而已，所以在梦中才会出现这样的情节，归根到底，他是不明白梦的含义的。

那种情绪其实是人们为了欺骗自己而做出的本能反应，之后在梦中得以呈现，从而产生出一种自身希望拥有的情感。一般来说，人们的想法都会在梦中呈现出来。

在思考西蒙尼德斯的那个梦时，我们会碰到另一个问题：做梦的步骤是怎样的呢？第一，我们要记得，梦境在一定程度上可以展现个体的创造力。在西蒙尼德斯的梦中，他想象出一个故事，涉及一个去世的人。他为何会想到一位故去之人呢？显然，在那个时候，他特别关心“死”这件事，他很担心乘船远航。在那个年代，航海是极危险的事，所以他有些不知所措，这代表他或许不仅仅是担心自己晕船，更担心船会下沉。因为他的内心已经产生了对死这件事的执念，于是，在他的梦境中就出现了故去的朋友。

要是用这样的方式分析梦境，那么要解释梦也就不会那么困难了。无论是选择记忆，还是幻想和图像，其实都暗示了大脑的思考。知道做梦者的想法，便能得知他前进的方向。下面是一位已婚男士所做的梦。他和妻子生了两个孩子，但他不太满意家庭生活的现状，他常常会担心孩子的成长情况，自认为妻子在照顾孩子的时候不够细致周到，总是将大量时间和精力放在其他事上。他想改变妻子，因而常常批评她。某晚，他梦见家里出现了第三个孩子，然而却被弄丢了，他们怎么也找不到那个孩子，他还为此痛斥了妻子。

我们可以得出结论，实际上，他在现实生活中就担心自己的孩子会丢失，他的两个孩子就如同他梦境中的受害者。他在梦境中幻想自己有第三个孩子，还不幸地弄丢了他。我们得注意的是，他对自己孩子的爱非常强烈，对他而言，丢失孩子这种事情难以想象。另外，他觉得妻子因为这两个孩子已经背负了太多的压力，难以承受除此之外的压力了，因此才会导致了第三个被弄丢。所以，我们能够见到梦的另一面，他内心的潜台词是："我究竟应不应该生第三个孩子呢？"

那个梦使他对妻子的态度发生了转变。在现实生活中，孩子根本没丢，然而，当他起床之后便开始批评妻子，一种敌对心理就此生成，因为梦境中的事情已经深入他内心了。人们总是在早上起床时争吵，那种情况和喝醉酒的时候很像，但并非因为抑郁。大多数患者的想法纯粹是关于死亡、失败和失去的事物。我们能够得知，这位男士所想的都是令自己骄傲的事，他很可能会想："我细心地照顾我们的孩子，可我妻子并非这样，因此弄丢了一个孩子。"如此一来，他的梦境就展现出了他内心的控制欲。

为何做梦

提及梦的解析方法，则要追溯到二十世纪初叶。最初，弗洛伊德提出，梦是为了满足儿童性欲而存在的。我并不同意这一点，如果说梦是因此而存在的话，那么其他一切事物的存在也都能用这样的解释，每件事情也都具备这个特点，那么潜意识就可以被上升为意识了。因此，弗洛伊德的这个说法并非合理解释。

之后，弗洛伊德还提到了关于梦中死亡的话题。在这个话题上，我们刚刚所举的案例便无法验证其说法了，我们不可以说那位父亲很想弄丢自己的孩子，抑或是想让自己或孩子死掉。

事实上，根本不存在可以解释梦境的特定公式，当然，我们之前所说的有关精神活动的整体性，以及梦境的情感特点这些准则对我们还是有帮助的。对于大多数人而言，在做梦的过程中都会产生这样的情感特点和自我欺骗的行为，通常会通过比喻或比较的形式，于偏见当中显现而出。自欺欺人的最佳途径是比较，可以肯定的是，当人们开始比较时，事实上，他们并不能肯定自己可以用逻辑和事实来说服他人，所以总是用无意义的比较来对他人施加影响。

诗人会通过这样的方式来欺瞒世人，尽管如此，我们还是很享受诗歌中的比较和比喻手法的，那是令人愉快的事。但是，我们的内心是很清楚他们想要做些什么的，和那些平淡的文字比起来，他们希望我们能从中得到一些感悟，接受那些诗歌的些许影响。

例如，荷马曾经写道，希腊士兵在跨越田野时如雄狮一般，我们在读到这样的文字时，并不会真正认为士兵是雄狮，可在了解到诗歌的创作手法后，我们还是会享受这样的文字描写。

作者所呈现的这样的文字，使得我们内心产生出某种无比强大的感觉。要是他只描写士兵的装束和武器，便无法得到想要的效果。

有些人总是搞不清状况，当他们认为无法将他人说服时，就会采用比较的办法。如我们所知，比较和比喻，实际上是自我欺骗的方式，这也是为什么我们会说，梦中的形象通常具有象征性。

梦会给人一种很强的情境代入感，使人产生不愿做梦的想法。要是人们回想起了自己梦境中的情景，还了解到自己在梦中做了一些不切实际的事情，就会讨厌做梦。人们认为梦是一件毫无意义的事情，实际上我亦如此认为，若了解了梦的无意义，人们便不想再做梦了。

这样的效果，只有在严谨全面的情感对话状态下才能达到。就我个人而言，最后的梦让我洞悉了这一点。那是在一战期间，因为职责所在，我强力阻止某人奔赴前线战场。在梦境中，我梦到自己杀人了，可我并不晓得受害者是谁，我一直在琢磨那个人究竟是谁，心情因此而变得低落。实际上，我内心深处希望士兵无恙。梦境情感一定是倾向于真实想法的，不过在我了解了梦的原理后，便再也没有做过梦，我不希望用自我欺骗的方式做一些不切实际之事。

我们总是在想："为何某些人从不做梦呢？"那些人的主

观意愿是排斥自我欺骗的，他们重视真正的逻辑与行动，只想面对现实生活。一般来说，就算那些人做了梦，他们也会在短时间内将其忘却，时间之快以至于令他们无法确定自己是否做过梦。

有个说法是这样的，人们醒来之后只会记得一小部分的梦境。要是认同了此说法，那么就能理解，为何有些人从来不做梦了。人们经常会忘记那些做过的梦。不过，我并不认同此说法，宁愿认为某些人从不做梦；而另一些人偶尔会忘记梦境中的内容。想要推翻前人的观点是很不容易的，不过，我们至少能够给它的支持者施压，让他们为这个说法提供足够的证据。

人们为何会偶尔做一样的梦呢？这种情况颇有意思，然而，我们很难给出一个较为合适的解释。一般说来，我们可以在那些相同的梦中找出清晰的生活风格，还有优越感目标，那些梦会给我们一些较为有用的线索。做这种梦的人还未准备好去找寻可以解决问题、获取答案的方法。这种情况在简短的梦里体现得尤为突出。有时候，人们梦到的只是某个场景，抑或是几句话，然而这意味着做梦者在找寻自我欺骗的方法。

睡眠、非睡眠以及催眠状态

现在，我们来看看睡眠这件事。许多人会问些与梦无关的事情，在他们看来，睡眠和清醒是一对反义词，还认为睡眠状态和死亡状态较为相似。然而，这样的观点是错的，睡眠和清醒并非对立关系，只是清醒的程度不同而已。在睡眠过程中，我们并未处于死亡状态，其间，我们能够思考问题，能听闻外部声响，甚至可以说，我们的身体拥有和清醒状态时相同的功能。因此，一些母亲在睡着的状态中，不会受到经过的车辆影响，可一旦儿女有什么动静，她们便会立刻惊醒。从中可知，母亲们是处于清醒状态的。另外，人在睡着时不会掉下床铺，说明人即使在睡眠状态也能够感受到边界的存在。

人在睡眠状态和清醒状态下都能展示出自己的全部特点，这便是催眠的依据。社会上的一些江湖术士，所做的只是单纯的催眠行为，目的是为了让人们主动接受并相信催眠者能够让自己进入睡眠状态。那些人最常用的，也是最为简单的方式是：爸妈说，行了，已经到了睡觉的时间了。于是，孩子就会去睡觉了。

催眠只有在催眠对象主动配合时才能够顺利进行。催眠对象的配合程度越高，催眠过程就会越顺利。

在催眠的过程中，人们能够重新感受到在清醒状态下的某些情绪和情感，但无法记起具体的想法或是画面。想要唤醒那些沉睡的感受，只需要做到一点，就那就是听话。用这个方法，能够找到一些被遗忘的童年记忆。但是，催眠总的来说还是具有一定危险性的。我极少采用催眠这个方法，除非患者对别的方式毫无反应。

接受催眠的人或许是个报复心极重的人。起初，他们看似已经战胜了自己所面临的问题，然而，他们的生活风格并未完全改变。催眠如同某种机械运作或是药物，并不会触及人性。要是我们想要真正帮到他们的话，就需要给他们一些勇气，让他们重获信心，让他们看到自身所存在的问题。催眠偶尔也会有不成功的情况，不过这样的病例很少见。

第八章 问题儿童及其教育

教育应该是目前社会最为重要的事情了，个体心理学在这方面付出了极大的努力。不论是在校园里还是在家庭中，教育都是为了促进并引导个体形成健康的心理状态。所以，个体心理学为正确的教育方法提供了一定的依据，因此，教育被归属为心理学范畴，成为促进心理成长的一门艺术。

社会与学校

我们首先来看下基础知识。教育的基本条件是：一定得和个体日后生活的步调相一致，同时一定得和社会理想相一致。如果不站在社会的角度去教导孩子，那么，孩子的未来生活或许会磕磕绊绊，他们很难真正成为社会中的一员。

社会理想是有可能发生变化的，甚至会在短时间内变化，例如，在社会发展过程中，抑或是在革命之后，社会理想就会发生转变。然而，这只是说明了，教育者应该树立这样一个观念：社会理想和教育之间的联系会受到政治影响。另外，社会理想需要在教育制度中得以体现。政府不会时时刻刻都和父母，抑或是每个家庭接触，但它一定会足够了解校园中发生的事。

每个历史阶段中的学校，其宗旨不尽相同。最初的欧洲学校是为贵族开设的，所以其宗旨带有贵族色彩。之后，教堂开始管理学校，神父成为教育者。当人们越来越渴求知识，或者说越来越多的人希望得到教育的时候，社会对教师的需求也增多了，这种需求远远超越了教堂的承受能力，因此，教师资格向公众开放了，不再仅限于神父和牧师。

到了近代，教师这个行业变得更加专业化。在此之前，教师被归属在别的行业里，例如制造衣服、制造鞋子的师傅等。然而，很多师傅的教育工具是棍棒，他们根本不会真正解决孩子的心理问题。

早在裴斯泰洛齐时期，欧洲便已有了教育的雏形。裴斯泰洛齐是一名瑞士的教育家，他首开先河，不推崇惩戒和棍棒的教育方式。他明确地表达了自己的观点：学校教育的正确与否是很关键的。在正确的教育方式的引导下，除了那些在学习上较为困难的孩子外，其他孩子都能够学会唱歌、算数、阅读和写作。我们不敢说已经找到了改变他人生活风格的最佳途径，不过我们一直在进步。为了让教育恰到好处，我们始终在找寻着更好的办法。

在曾经的欧洲，贵族拥有特权，社会对劳动者和官员的要求也是天差地别。只有上层社会的人才会想要去接受教育，其他人则完全没有这样的想法。我们可以从个人目标中窥见当时的教育制度。而现如今，教育制度所呈现出的是国家目标。孩子们已经不再像之前那样恭恭敬敬地坐在位子上，安安静静地听教师上课了。在当今的校园中，教师和学生可以成为知心朋友，管理者们不再强制学生顺从和屈服，而会鼓励他们的个性化发展，激励他们的创新思维。

家庭的影响

我们可以看到，就教育制度的起源和组织形式来看，它是符合社会理想的要求的。然而，从心理学的角度出发，学校逐渐发展成为教育机构。教育最为根本的目的是训练适应社会的能力。和家庭比起来，学校更易指引孩子走入社会，那和社会理想更为接近；相比之下，父母会很容易被养育职责和孩子的要求所左右。学校不会纵容孩子肆意妄为，总体说来，学校是个公正客观的机构。

另外，在家庭中，父母不会一直倡导国家理想，在很多情况下，唯物主义思想和传统的道德伦理观念占据了家庭教育的主导地位。父母若能很好地融入社会并意识到教育对社会的重要性，便能在家庭教育上取得一定的进展。只有在父母意识到并明白这些道理时，才能帮助孩子们做好进入学校的准备。这就好像学校会帮助孩子们准备好接受社会赋予的某种角色。学校是介于家庭与社会之间的组织单位，而孩子们需要先在家庭和学校里顺利地发展下去。

早在四五岁时，孩子就已经形成了自己的生活风格，并且无法被直接改造。这给现代学校以警示，教育的方式不应是惩戒或责骂，而应是培养和训练孩子们的社会兴趣。换句话说，学校不可以通过惩戒和压制的方式来运行，需要努力理解并改善孩子们的心理问题。

在家庭关系中，孩子和父母的关系是极为密切的，因此，父母很难站在社会角度去教导自己的孩子，他们通常会按照个人意愿去教育他们，所以，孩子的未来之路会深受影响，甚至会引发心理问题。如此一来，孩子就会面对极大的困难，实际上，当他们进入校园学习时，困难就已如影随形。

为了让这个情况得到改善，我们需要和父母沟通一下。一般来说，这是相当不容易的，和家长的沟通与和孩子的交流是完全不一样的。家长们或许对社会理想这类的话题毫无兴趣，他们只在乎自己的事，导致他们根本不想了解我们的想法。

我们没有办法对父母们做太多，只能够尽量散播知识。当然，最好是在校园里进行。第一，在学校里，孩子较为集中；第二，和家庭比起来，孩子在校园里所表现出来的错误生活风格会更加清晰；第三，教师受过专业培训，更容易洞察到孩子所存在的问题。

我们不需要去关注正常的孩子。当我们遇到一些正常发展的孩子时，不要去打扰他们，他们能够树立自己的明确目标，逐渐产生优越感。对于生活而言，他们内心所产生的优越感是较有意义的，因此，那并不属于优越情结。

至于青少年罪犯、精神病病人、问题儿童等，他们自负的内心可以通过补偿自卑情结的形式体现出来。在之前的章节中我们已经阐述过了，自卑心理藏匿在每个人的内心深处，但只有当人们感到心灰意冷，做出了一些破坏性事件，或是所做之事毫无价值时，才会产生自卑感。

无论是自卑，还是自负，都和学前的家庭生活不无关系。如我们所知，在学前阶段，孩子们的生活风格被构建出来，而且和成年人的生活风格是不一样的，这样的生活风格即为原型。原型还仅仅是停留在雏形阶段，好像涩口的水果，要是初长成的果实中有虫子的话，那么，随着果实的逐渐成熟，虫子也会不断长大。

问题孩童

一般说来，自卑和自负的产生都和某些生理缺陷有关，但究其根本，还是因为个体自身无法排除这个芥蒂，无法融入社会。教育的意义正在于此，因为它能够促使人们更好地融入社会，让生理缺陷摇身一变成为人生中的宝藏。生理缺陷是有机会激发出某些特殊兴趣的，经过训练之后，这些兴趣会被开发出来，并影响个体的发展，如果这个兴趣是积极向上的，那么会帮助个体获取一定的优势。

换句话说，我们需要想办法让生理缺陷适应社会需求。所以，对那些只关注视觉或是听力的孩子，教师需要在教导他们的过程中，发掘出他们所喜欢的别的事物，若不这样做的话，他们或许会变得特立独行，那样对他们的发展很不利。

除了那些在生理方面有问题的儿童，被宠溺的孩子也很难适应校园生活。因为一个孩子很难在校园中占据焦点地位，或许有时候，教师会表现出和蔼可亲的样子，迁就一下自己较为喜欢的孩子，然而，在那些孩子调换班级之后，教师就不再青睐他们了。当这些孩子日后走到社会中，他们会发现所面临的情况更加糟糕。如果不去做一些有意义的事，个体是很难成为公众焦点的。

每一个问题儿童都有一些通病。他们很难如鱼得水地处理生活中的困难。他们拥有斗志，却像大型企业那样，站在自身角度去发展，而非站在社会的高度去统筹管理。另外，他们通常喜欢吵架，总是会和他人对着干。然而，因为他们总是不太关注生活中的某些事，他们会显得很懦弱。他们因为童年时期被家人宠溺，所以还没有具备解决问题的能力。

我们察觉到那些孩子很小心谨慎，常常表现出犹豫不决的样子，他们会将生活中所面对的困难抛诸脑后，抑或是直接停在困难的跟前，选择去做些无关紧要的事情，但最终什么事都做不成功。这样的行为通常会在学校里表现得十分突出，在家中倒没有那么常见。学校可以说是在做实验，也可以说是一种考验。在校园中，孩子会展现出各自的适应能力，以及和他人相处的能力。这种展示是难以在家庭环境中实现的，然而，在校园里却可以得到清晰的展示。

因为自卑情结的存在，被宠溺的孩子和在生理方面有缺陷的孩子都不想面对生活中遇到的困难，他们要么躲避，要么依赖，渐渐地，他们的应对能力就弱化了。然而，学校可以帮助他们面对困难，帮助他们逐渐解决生活难题。如此这般，学校已经不仅仅是孩子接受知识的场所了，更是接受培育的场所。

除了我之前说的那两类孩子，我们还需要考虑到被他人讨厌的孩子，一般来说，他们的长相不怎么样，性格会有点奇怪，或许还有些残疾，缺乏面对生活困难的能力。在这三种孩子之中，被他人讨厌的孩子在学校中所处的位置是最危险的。

不论教师和管理者是不是认同，我们发现，“认识问题并找到最佳处理办法”这一课题理应被纳入学校的基本课程之中。

除了那些问题儿童，还有些孩子智商特别高，我们可以叫他们神童。在特定情况下，他们在个别科目上尤为突出，以他们的能力，在其他科目上可能也会很优秀。他们是充满斗志的孩子，但异常敏感。一般来说，其他孩子都不怎么喜欢他们。我们总能轻易地从人群中辨别出这类孩子，他们拥有很强的社会适应能力，通常，他们总会被人羡慕，但并不会被人表扬。

有很多聪明的孩子，虽然可以顺利完成自己的学业，但在进入社会环境之后，却难以做出较好的生活计划。尤其是当他们遇到生活三大难题——社会、找工作和谈恋爱的问题时，他们的原型便会一览无遗。我们发现，他们会将在家里养成的臭毛病带到其他环境中。他们在家里的地位是“至高无上”的，那并不能说是一种错误，可要是将这样的地位放置在其他情况下，那么便是大错特错了。

治疗方法

就个体心理学而言，帮助聪明儿童和帮助问题儿童的方式并没有多大区别。在个体心理学家看来，“人没有什么做不到的”这句话可以减少聪明儿童所背负的压力。他们在旁人的期待中走上了一条带有强制性的既定路线，并过分关心自身的发展。如果认同这样的说法，那么家长们便能培养出聪明的孩子，更重要的是，孩子不会变得骄傲，更不会变得野心勃勃。他们深知正是训练和运气使他们“变得聪慧”，要是可以进行专门的训练，他们还能做得更好。

当然，在教师的激励下，那些本不爱学习或是没有经过良好训练的孩子，也可以做出一番成就。那些孩子或许会失去勇气，所以我们得尽量减轻他们的自卑感。任何人都无法承受长时间的自卑。我们深知，他们是因为无法承受学校的重压才选择违反规则，抑或是完全不在乎学校里的事情；他们自以为在学习上已无路可走，要是事情真是那样的话，我们应该觉得他们的所作所为是合理的。然而，个体心理学并不认同那些孩子已经失去了对学习的信心。在个体心理学的观念中，所有人都能够做出一些有价值的事情，尽管人们经常会犯错，但错误是可以改正的，一旦改正了错误，就能得到成长。

但是，他们很多时候都难以解决自身所面临的困难。当孩子在学校里受到了一定的挫折时，母亲就会开始担心。事实上，对于孩子们来说，每一次因为考得不好而在学校备受责备和批评后，来自家人的态度都至关重要，会对他们造成很重大的影响。大多数的情况是，在家中备受宠溺的孩子，一旦进入了学校，就暂时停止了和家人之间的亲密联系，另外，他们会因为难以成为公众的焦点而无法呈现出优秀表现。在这种情况下，这些孩子会讨厌母亲，会感觉自己原本的认知是错误的，母亲欺骗了自己，如此一来，母亲的地位就会受到影响。因为内心的焦虑时刻不停，他们渐渐忘了母亲之前施予的爱。

我们总是能够看到这样一个有趣的现象，在家中吵吵嚷嚷的孩子通常在学校表现得异常沉静，甚至是拘束。有时候，母亲会跑来学校说："这孩子一直在浪费我的时间，耗费我的精力，他经常吵吵嚷嚷。"教师是这么说的："在学校里，他一直都很听话啊，安安静静地坐在自己的位子上。"这和在家中的情况是完全相反的。事实上，这个孩子在学校里被他人关注，变得谦虚且安静，因为在家中没有人理他，所以才用自己的方式获得关注。

有这么一个案例，某个女孩，已经八岁了，很受周围同学的喜爱，成绩也相当不错，班级排名很靠前。她父亲前来咨询："我们家的孩子有暴力倾向，简直太狂躁了，我们实在无法忍受。"这是为什么呢？她的家庭属于弱势群体，而她是长女。这样的家庭总会担心孩子的降临。在第二个孩子呱呱坠地后，她感觉自己的地位发生了一定的变化，她期望大家还是能将注意力放在自己身上，于是逐渐变得争勇好斗。教师和同学都很欣赏且喜欢她，她完全不需要采取其他行为博得关注，因此她在学校里发展得很顺利。

很多孩子在学校和家中都会碰到难题，不管在哪里都会有人抱怨他们，最终那些孩子会犯越来越多的错，还有的孩子不管到哪里都把自己弄得脏兮兮的。要是他们在家中的行为和在学校里的行为如出一辙的话，我们则需要将以前发生过的事情的前因后果给弄清楚。无论如何，孩子在学校和在家中的行为可以帮助我们更好地判断出问题所在。想要真正弄明白他们前进的方向及其生活风格，那么他们生活中的一点一滴都对我们很重要。

以下的这种情况也时有发生。那些本可以很好地适应社会的孩子在首次接触学校环境时，或许会觉得难以应对。一般来说，这种情况的发生是因为孩子在学校里不受教师和同学的欢迎。例如，那些出身普通的孩子，在进入贵族学校时一定会觉得很难受，因为旁人会认为他们不够资格，逐渐和他们对立起来。那些孩子是被宠溺着长大的，至少是被悉心照顾着的，现在忽然陷入了一种危险的境地。绝大多数情况是，他们在家时只字不提在学校所遭受的事，他们认为那是很丢人的，宁愿独自承受那些痛苦。

一般来说，当孩子长到十八岁左右时，他们就需要表现出一个大人的模样了，需要去面对所遇到的困难。但是有的孩子会因为缺乏希望和勇气，停在困难跟前。他们除了很难融入社会环境，在处理人际关系时也会遇到重重障碍，他们无法在社会中找到属于自己的一席之地。

我们在面对这些人时，需要怎么做呢？他们充满无限的能量，却想和外界事物隔绝，甚至自以为难以融入整个世界。有一种人，不仅会自我伤害，还会伤害他人，甚至会选择自杀。另外一种人，他们自我孤立，想要消失在这个世上，甚至连自身仅存的一点社会能力也弃之不用，用怪异的方式和他人对话，不去接触他人，用仇视的眼光看待世界……诸如此类的情况是比较极端的，我们将这种病症称为精神分裂。当碰到这种病人时，我们需要做的就是帮助他们重建勇气，这种病人治疗起来是极为困难的，但并非不能治愈。

出生顺序的影响

个体心理学研究了孩子的各个成长阶段，除此之外，还研究了孩子的早期记忆与日后的职业规划，同时还会观测他们的言行举止，了解他们的家庭地位，并以此做出相应的推理。我们在前文中已论述过一些研究方式，在此我们将对孩子的家庭地位做进一步的探讨，因为它对成长的影响最为重大。

如我们所见，出生顺序是十分重要的。家庭中的长子或长女，在一段时期内是独生子女，可后来又失去了这个地位。于是，问题出现了：他们曾经独享特权，而后又被剥夺。与此同时，“自己不是长子或长女”这种事还深深地影响着后面出生的孩子。

不难看出，在传统文化中，长子或长女通常会认为，自己理应一直享有特权，失去特权纯属意外，同时，他们对位高权重之人很是崇拜。

第二个孩子所面临的情况全然不同。他们的成长并不受关注，总有人走在他们前面。他们拼命追赶和争夺着权力，并不觉得特权不可动摇；他们冲劲十足，如同在参加一场跑步比赛；

他们的一举一动都显示出他们的目的，他们对某个地位觊觎已久，正在奋力追赶；他们一直在设法扭转所谓的自然科学规律，而这些转变都极具革命性——并非体现在政治地位上，而是体现在生活中，体现在对他人的态度中。关于这一点，《圣经》里的雅各和以扫的故事足以证明。

在心理学上，幺儿或幺女的地位很特别。他们始终是家里最小的那个孩子，后无来者。他们的地位很是有利，而且绝不会因后来人而有所动摇。对于排行第二的孩子来说，或许曾经拥有这个地位，但轻易地就失去了，他们会和长子拥有一段相同的经历，然而，这种事情在最小的孩子身上，绝不会发生。因此可以说，最小的孩子拥有家里的最佳地位，不仅如此，在所有条件都相同的情况下，他们的未来之路通常也都是最佳的。和老二一样，他们冲劲十足，追求超越；尽管也有人走在他们前面，但他们往往会另辟蹊径。假如家人们从事的是科学事业，那么他们或许会成为艺术家或商人；假如家里是经商的，那么他们或许会成长为诗人——最小的那个孩子，绝对会与众不同。选择另一条路，自然会比在同一条路上比赛轻松许多，正因如此，他们乐于另辟蹊径。不过话又说回来，这也反映出他们不甚勇敢，那些勇敢的孩子，会更偏爱和他人在同一条路上赛跑。

值得注意的是，建立在家庭地位上的儿童性格分析，所得结论只是某种性格倾向，并不具有确定性。实际上，长子或长女若是聪慧过人，便不可能被老二超越，自然也就不会有什么悲剧发生了。这部分孩子进入社会之后，适应能力是较强的，他们在母亲的引导下，懂得关注他人。不过，若无法超越长子，那么老二的境遇便会变得困难重重，所面临的问题也会更大，他们很可能因此而灰心丧气，感到绝望。如我们所知，孩子们在比赛时是无比渴望胜利的，若失去了希望，那就万事皆休了。

在最小的孩子出生时，如果他的哥哥姐姐都快要成年了，那他便会变得像独生子女一样。对于独生子女而言，生活也有不幸之处，在他们的成长过程中，家人的注意力始终都在他们身上，在这种情况下，他们在自己生活中所追求的一切都会被家人格外重视，这使他们只会用自我的方式来思考问题，而缺乏常人的思维逻辑。

如果一个家庭中只有一个男孩，而其他都是女孩的话，那个男孩的境遇定会十分艰难。在人们看来，这些男孩的言行举止通常都会有些女性化，不过此类看法稍显偏激。要知道，大多数人都有赖于女性的照料和教育。不过，假如一个家庭由女性统建，为女性服务的话，那么其中定会存在各种问题。当我们走进一个房间时，立刻就会察觉出，在这个家庭里到底是男孩多还是女孩多。无论是在家装摆设方面，还是在嘈杂程度上，以及家庭秩序方面都会有明显差异。在男孩多一些的家庭里，被破坏的事物会多一些；在女孩多一些的家庭里，房屋都较为整洁。

生长于“女性环境”中的男孩，有的会拼命彰显自己男人的一面，极力诠释男性特征；有的则会渐渐向家人们靠拢，变得女性化。简单来说，在这种环境中成长的男孩，不是阴柔十足，就是争强好胜。那些好胜心强的男孩们，无时无刻不在向旁人证明，自己是个男人。

同样地，在一堆男孩当中，独女的处境也尤为艰辛。有的独女会表现出极强的女性特质，十分娴静；有的则会像男孩一样说话行事，逐渐变得男性化。在此类案例中，自卑情结是十分突出的，女孩周围的男孩们拥有优越的地位，而在这种充斥着男性优越感的环境中，她们是独一无二的女孩。她们自认为“只不过”是个女孩，于是自卑感油然而生。“只不过”（only）一词，足以证明自卑感的存在。在这种情况下，一种抵消自卑感的优越感在她们身上产生了，她们把自己打扮得像男人一样，而且还会表现出希望自己能拥有男性般的性关系。

关于孩子的家庭地位及其性别的关系的话题，我们最后来讨论一下长子和次女这样的情况。通常，长子和次女之间的你争我斗都会十分激烈。不只是因为排行第二，更由于自身是女性，所以次女通常都十分奋进，当然这也是第二个孩子的显著特点。她不但独立自主，而且铆足了干劲，让长子关注到自己正在试图赶超他。我们都知道，无论在心理上，还是生理上，女孩通常都比男孩发育得早一些——比方说，同为十二岁，女孩就要比男孩成熟许多。长子察觉到了这种状况，却不明就里。于是，他生出了自卑感，打算在比拼中弃权，他再也不努力奋斗了，相反，他选择了逃避。有时候，他会构建出某个前所未有的“避难所”，若非如此，他多半会变得神经兮兮，或者生出犯罪倾向，抑或是精神异常，总之他自认为已无力应对这场比赛。

人们总是说着“人定胜天”，其实这种说辞绝不是最好的解释。我们需要让长子明白，假如感觉自己被女孩超越了，那是因为女孩勤奋有加，如果他能更加上进的话，便能找到属于他自己的成长之路。当然，我们还可以想办法将长子和次女指引到不同的道路上，从而避免他们之间的竞争，尽量让他们打消“在比赛”的想法。

第九章 社会适应性

个体心理学的研究是社会适应性的研究。这么说看上去有点矛盾，但仅仅是言语上的矛盾罢了。实际上，只有在专注地分析个体的心理想法时，才能意识到社会元素的重要性。只有放在社会环境中，个体才能够算是个体。有心理学家认为，心理学是由两部分构成的，即个体心理学和社会心理学，可我们认为个体心理学和社会心理学不存在绝对的界限。

到现在为止，我们已经了解了个体的生活风格，不过先前的分析都是站在社会层面上的，所得结论在社会中都会有所体现。接下来，我们将要进行的研究，会更重视社会适应性这一块儿。我们所说的基本原则并未发生改变，只是重点不再是洞悉人们的生活风格，而是运用具有一定作用的生活风格，引导人们做出正确的行为。

分析教育问题可以作为分析社会问题的基础，上一章的重点就是这个。幼儿园和学校是较小的社会机构，我们可以通过对它们的研究，发现一些有关社会适应性的现象。

童年时期的影响

举一个案例，一个五岁的小男孩的母亲向医生反映他过度活泼，经常惹事。母亲一直在努力管制他，但是他一次又一次的“惹是生非”使母亲心力交瘁。母亲说她自己再没有办法管教这个孩子了，如果有机会可以将他送到教养院，她也是愿意的。

站在小男孩的角度来看，我们会在一些细节处选择“同情”他。要是我们得知一个五岁的孩子过分活泼，我们可以想到什么？他会在家里乱跑乱跳，将自己弄得浑身沾满污渍，总是制造麻烦。当他母亲希望一人看会儿书时，他就会去触碰家中的电灯；当他的父母想要坐下来谈心或是听会儿音乐时，他就会大声地吵吵嚷嚷；要是他不能得到自己喜欢的某个物品，就会发火，极力要求得到。

从小男孩的这些行为来看，我们推断出他是会打架的，甚至可以说他做的事情皆是为了能引起“战争”。无论在白天还是黑夜，他都表现得非常调皮，因此他的父母总是觉得很疲倦。和父母不同的是，小男孩从来不觉得疲倦。他自然不用做那些自己不爱做的事，但他却希望在自己的影响下，促使他人做事。

有这样一件事情，可以证明小男孩是如何用自己的行为获得关注的。某天，他的父母带他去参加音乐会，父母在台上弹钢琴唱歌。当父母唱第一首歌时，小男孩大喊："嗨，爸爸。"之后，他便一个劲儿地绕着大厅四处跑。或许我们可以理解他的这个行为，然而，他的父母是绝对无法理解的。虽然实际的行为反映出这个孩子有些失常，但是他的父母还是认为他是个正常的孩子。

他确实是个正常人，从某种角度来说，他所做的生活计划是聪明的。甚至在做事情时，他也是极为聪明的，和做计划一样。要是我们了解了他的计划，就可以推断出他之后会做些什么。所以，我们能够推断出这个男孩的智商是没有任何问题的。

当母亲的朋友来到家中做客时，他总会将客人推下椅子，然后自己去坐客人坐着的那个位置。我们能够知道，他的这个行为与原型，以及目标是相符的。他总是希望自己强于他人，控制他人，始终被父母关注。

我们能够推断出他的父母曾经对他过于纵容，要是他们继续纵容他的话，他是不会惹麻烦的。这么说吧，他原本极受宠溺的地位肯定发生了变化。那么，为何他的地位会发生变化呢？他的家庭中诞生了新生命。原本这个五岁的孩子是家中最为受宠的，但是由于新生命的诞生，他不再是家人关注的焦点了。

他希望通过自身努力去夺回原本属于自己的宠溺地位。就是因为这个想法，他不愿让父母休息下来。此外，还存在另一个原因。我们研究发现，这个孩子在面对新环境时，是毫无准备的。在最初，父母极为宠溺他，导致他无法形成正确的社会观。因此，他无法真正适应社会环境，只在乎自己的感受，只为了自己的目的而努力。

我们问他母亲，小男孩是如何和弟弟相处的？她表示，他是喜欢弟弟的，只是每次二人单独相处时，他就会推倒弟弟。这明显地表现出他内心的不悦，不过这个行为是能够得到谅解的。

为了将这个行为理解清楚，我们应当拿这个男孩和某些好斗但并非经常打架的孩子做个对比。那些孩子是极为聪慧的，并不会常常去打架，他们知道父母是不喜欢他们的冲动行为的。所以，有时候，那些孩子就会及时停止自己的打架行为，表现出好的一面。然而，冲动并不会就此消失。在刚刚所说的那个案例中，男孩会在和弟弟玩闹的过程中将弟弟推倒，那是他的行为目的。

那么，这个孩子在面对母亲的反应时又是如何表现的呢？要是母亲打了他，一种情况是他会哈哈大笑，并称那样做对他根本毫无效用；另一种情况是，若母亲打得很重，他就会自己保持一段时间的安静，但最后，他还是会再去打架。我们需要观察这个孩子的所有举动，研究个人目标究竟是如何影响他的，他的行为和目标之间的联系究竟是怎么样的。只有这么做，我们才能推断出他将会采取何种行动。要是对原型的了解缺乏整体性，抑或是不了解原型的内心目标。那么我们也没有办法知道他们将会怎么做。

学校的影响

我们来预测一下这个孩子在上幼儿园之后会遇到何事。一般来说，当整体环境偏弱势时，他会想要控制所有人；当整体环境偏强势时，他会采取暴力来控制所有人。所以，要是有个严厉的教师，他便不会在幼儿园待太长的时间。情况要是这样的话，这个男孩就会想尽一切办法找各种理由不去幼儿园，还会长时间地背负较大压力，或许他会因为这种压力而产生紧张头疼的症状。这样的病症意味着早期的神经症。另外，要是所处的环境令人较为高兴的话，或许他会自认为是被他人关注的。在这样的环境中，他或许会想要成为班级中成绩不错的优秀者之一。

就像我们知道的那样，幼儿园这个社会机构是存在一定社会问题的。个体一定得做好面对这些问题的准备，他们需要遵循集体生活的各种准则，一定得做出对群体有利的事。比起自身，他们需要更加关注他人，如不那样做，他们便会遭遇重重阻碍。

在日后的校园生活里，相同的情况会重复出现，我们能够想见，问题儿童会遭遇什么事情。要是被送去读一所私立学校，或许情况尚能有所改观，毕竟私立学校没有那么多学生，教师就会更加关注这些孩子。还有一种可能，在私立学校中，他们并不会被定义为问题儿童，甚至教师会觉得他们是最棒的孩子。要是那些问题儿童在学校里表现优异，他们或许会改变自己在家中的言行，并用这个办法来满足自身的优越感。

有些孩子会在进入学校后取得一定的进步。大人们或许会这么想：他们在班上的情况还是不错的，在那儿心情应该挺好的。但是，绝大部分的情况恰巧相反，在家里被宠溺的孩子在学校会表现得尤为调皮，会扰乱课堂纪律。

我们在前文中已经讨论了，学校是社会生活和家庭之间的桥梁。要是用这个原则的话，我们就能够理解那些孩子在生活中所出现的事了。生活让他们在校园中得不到任何有利条件，所以人们总会感到不解，为何某些学习成绩优异、在家乖巧懂事的孩子，后来却问题连连。现在，我们需要谈论的一类孩子，将来或许会出现更加严重的神经病症。接下来的案例，是鲜有人知的，那些孩子的原型在很长一段时期内，都处于一个相当有利的环境中，直到他们长大成人。

所以，我们需要将错误原型从有利环境中找出来，至少也得知道它存在的可能性，可是，要想在有利环境中发现错误原型是很难的。以下几个现象足以证明原型是错误的：一些孩子想要引起他人的注意，却不想了解社会，他们一般来说是脏兮兮的，用那些令人厌恶的言行浪费他人的时间。他们不想在晚上睡觉，还会尿床，并在家里大吵大闹。他们不会抑制自己不安的感觉，在他们看来，他们可以用不安来强迫他人顺从自己。就算环境是有利的，上述现象还是会出现，我们能够借助这些表现来找到孩子存在的问题。

三大任务

我们下面来看看，一个有着错误原型的男生在日后会怎样发展。当他快要成年时，大概十七八岁的样子，他已经有了广泛的自我领地——或许不甚明显，因而很难说清楚——我们无法判断他的生活目标与风格。他不得不正视生活，自然也要正视三大生活任务：他需要构建良好的人际网络，需要做有益于社会的工作，需要寻求亲密关系。所有的这些都存在于社会关系当中：第一大生活任务主要是针对与他人的关系，也蕴含着对人类未来的态度，它和人类的延续息息相关，毕竟人类面临着重重危机，想要生存下去，就必须齐心协力。

我们能够从这个男生在学校的表现，推断出他工作的相关情况。如果他在找工作时总想着要统治他人，那么工作是相当难找的，因为几乎所有的工作都是从基层做起的，至少也是需要平等对待他人的。另外，因为这个男生一直很关心自身利益，当他还处于基层时，心情是不怎么好的。这种性格的人就算进入了职场也是个不牢靠之人，在公司利益面前，他绝对不会低头放弃自身利益。

一般我们会这么说，较强的社会适应能力能够让工作更加成功。在和同事相处的过程中，在和客户打交道时，我们需要用眼睛认真观察，用耳朵细心聆听，用内心去感受，这些都是职场必备条件。具有一定同情心的人，工作能力也是不差的，可我们这里所说的这个男生并不属于这类人，他只在乎自身利益，完成一部分工作就已经算是很好了，所以，他在工作上可以说是个失败者。

在绝大多数情况下，我们能够知道那些人始终无法完成培训，或是到很大年纪才解决就业问题。或许他们到了三十岁时还不清楚应该做些什么事，他们总是会在各个领域间跳来跳去，或是频繁地在各个公司间跳槽。

有时候，我们能够见到一些极为努力的青少年，在即将成人的时候还不清楚自己应该往哪个方向发展。清楚这些人的性格后，为他们提供一些职业选择上的建议是很关键的一件事，他们还是能够对某件事产生兴趣也愿意从头学起，接受适当的教育。然而，这个年龄层的人若还是不明白未来想要些什么，确实是件令人苦恼的事。大部分的结局是，他们什么都没有做成。

不论是在家里还是在学校中，都需要在孩子还没到成年时就培养他们对未来职业的兴趣。在学校里，想达到这个目的，可以布置和未来相关的作业给孩子们。通过这种类型化作业的训练，他们会真正感受到未来近在眼前，需要慎重考虑，若不是这样，等到他们面对未来工作时，就有点晚了。

年轻人最终需要面临的问题，一般是和爱情、婚姻、亲密关系有关的。因为人类分为两种性别，这是个极为关键的点。要是世上之人无性别之分的话，情况便会完全不一样了。我们应该学着正确对待异性。在之后的一个章节中，我们会详细讲述婚姻和爱情的问题，在这里需要强调的是，社会适应能力和个人情感是紧密相连的。缺少对社会的兴趣会导致个体难以很好地适应社会和职业，也会使个体难以和异性友好相处。如果个体过分关注自己的话，就意味着他丝毫没有做好要找另一半的准备。性是本能中的最关键的一环，看上去仿佛是要将个体拉出保护外壳，让他们在进入社会前做好充分的准备，但是从心理学的层面来说，只有人们完全放下自身利益，在进入社会环境后才会有机会真正实现“性”的功能。

我们现在总结一下吧，之前所说的那个男生在生活中遇到这三个问题时，内心是恐惧且绝望的，他为自己设定的个人目标与现实生活极为不符。那他还拥有什么呢？他无法适应社会，面对他人时充满敌意，经常怀疑他人，表现得极为孤立。由于他对他人是毫不在乎的，因此他也很不在乎自己在他人眼里究竟是何种模样，他任由自己一直邋遢下去。我们很清楚，语言是为了满足社会需求才出现并存在的，可他不习惯使用语言，不爱讲话，这无疑是精神分裂症的前兆。

为了保护自己，他自动屏蔽了一切生活问题，最后不得不走进了精神病院。他想要满足自己的优越感，将自己和他人隔离，因此他的性欲也是和他人不一样的。他有时候会幻想自己是美国总统或耶稣，只有这么做，他才可以得到满足。

预防与纠正

就像我们总是在说的那样，每一个生活问题都反映了社会问题。我们能够在幼儿园和学校里看到那些社会问题，还能在政治、经济、友情中看到那些社会问题。我们在生活中围绕的中心是社会，最终目标是人类的整体利益。

在原型身上，我们已经看到了难以适应社会的倾向，那么，究竟出了什么问题呢？应该怎样预防呢？我们认为，应该告诉家长如何避免大的错误，如何在原型中找到小错误，以及如何纠正这些小错误，这样一来，情况就会得到改善。然而实际上，用这个办法并不会有多大成效。只有极少数的家长希望了解怎么防止错误的发生。大多数家长不想了解教育和心理学的问题，他们一如既往地宠溺自己的孩子，面对那些觉得他们的孩子不甚完美的人，还会表现出仇视或无所谓的态度。他们很少能做成功什么事情，我们也不会在极短的时间里使他们了解更多事，要真正让他们理解我们的做法是需要很长一段时间的。所以，让孩子咨询心理医生是帮助他们解决当下难题的最佳途径。

除了向医生寻求帮助之外，还可以借助教育这个工具，二者配合起来可以达到最佳效果。只有当孩子进入学校后才会表现出他们的原型错误，对个体心理学略知一二的教师能够在极短的时间里察觉到他们原型中的问题，了解他们是不是合群；是不是会通过自身努力去获得他人的关注；有没有孩子是勇气不足的。那些教师如果经过训练在一个星期内就可以发现孩子原型中的错误。

就社会分工的功能而言，教师完全可以纠正孩子存在的错误。为什么要设立学校呢？因为家庭无法以正确且恰当的方式教育孩子如何适应社会，学校教育是家庭教育的延续，学校能够极大程度地帮助孩子形成个性，他们在那儿学会了如何面对生活。不过，教师需要有一定的洞察力，要正确地做出判断并恪尽职守。建立学校就是为了确定个体的性格，在将来，学校是一定会利用个体心理学来处理某些难题的。

第十章 社会性情感与常识

现在，我们已经了解到，个体之所以会难以适应社会，是因为内心具有自卑感，同时又具有优越感。难以适应社会的情况，如果持续得太久便会导致个体产生“自卑情结”和“优越情结”。这类心理状态并非来自基因，而是产生于社会环境下个体之间的互动。

并非所有人都会产生这样的心理，这是为何呢？人都是会自卑的，人们由于渴望成功和追求优越感，因而构建了各自的精神世界。不过，仅有部分人会出现这种心理，其原因是，在某种心理学机制下，他们的自卑感和优越感被抑制住了，并被引导至具有社会性的新方向。这个心理学机制的本质其实就是社会性情感、勇气和逻辑。

概论

让我们现在来想一想，这样的机制在有效用和无效用时的不同状况。如果说孩子并非很自卑，那么，就我们的了解而言，他们一般会为了某些有意义的事而努力，期望向生活有利的一面发展。那些孩子，为了达成他们的目标，会想要了解他人。在这个过程中，他们会产生社会性感情和适应社会的能力，从某种程度来说，所有人——不管是成年人还是孩子——在追求优越感时，都会得到这样的结果，没有人会说："我完全不想了解他人。"他们或许不想了解世界上的一切事物，然而，他们无法验证自己的想法；实际上，他们甚至会说自己很想了解他人——这么做是为了掩饰自己难以适应社会的内心。

当个体出现了难以适应社会的情况时，我们能够借助一些边缘案例来探索这些状况的源头，我们知道，他们是存在自卑情结的，然而由于条件较为有利，所以，他们的自卑情结并未表现得过于突出，在这种情况下，自卑情结被藏了起来，但他们的内心是对社会有抵触的。当人们无须面对困难时，或许瞧上去是极为知足的，可当我们认真观察一下就可以看出，事实上，他们的内心还是很自卑，就算没有体现在语言上，也会在态度上体现出来。这是一种自卑情结的体现——内心备受折磨的人，为了排解“以自我为中心”所带来的内心压力，而采用了“自卑”这个方式。

有个情况很有意思，有的人会掩盖内心的自卑，有的人又会直接承认自己自卑。一般来说，后面那类人会为自身的坦诚而开心，因为他们认为，这种坦诚他人并没有。他们自我安慰道：“我是坦诚的，我并未掩饰我的痛苦。”然而，当他们承认自己内心自卑时，也曝光了其所面对的生活困难和所处环境的因素。或许他们会说起父母或是家人，或说到自己并没有接受很好的教育，抑或是说到之前经历过的限制或事故。

一般来说，自卑情结会被隐藏在背后，通过优越情结展现出来，这样的人是自负和莽撞的，甚至是唯利是图的。他们在乎外在表象，而不在乎实际行动。那些人在最初时会表现出些许不安，之后会将这些情况视为失败的原因，他或许会这么说：“要是我情绪稳定的话，就可以战胜任何困难！”通常，“要是”这类说辞，恰好反映出他们的自卑情结。

自卑情结的表现形式是有其特征的，比如时刻戒备、喜欢自我炫耀、逃避生活难题、寻找因受限而产生的小众行为等。就算不用做某件事，还是会有依赖性，这种行为也表现出了自卑情结。不相信自己，爱好古怪，忙于琐事，例如收集无用之物等，这样的人都是通过此类方式在消耗时光，还常为自己的行为找各种借口。他们总是在那些没有用的事情上花费过长的时间，长此以往，便形成了强迫症。

问题儿童都会隐藏自己的自卑情结，不论所表现出的是哪类问题。事实上，生活中首先需要战胜的就是怠惰；其次，偷窃是占他人的小便宜，说谎是由于内心缺乏勇气，孩子们这一切行为的重点都表现出了自卑情结。

神经症会表现出自卑情结。人们被焦虑的内心困扰，无法集中精神做任何事情。他们总是希望有人陪在自己的身边，希望得到他人的支持，并会强迫他人关注自己——我们能够从中看出，那是因为自卑情结变成了优越情结——他人一定得听命于自己！希望控制他人的神经症患者，自视为他人的“上帝”。

这样的人难以真正融入社会，发挥社会性作用，究其原因，是因为他们没有足够的勇气，难以沿着社会性轨迹走下去。人们在胆怯时，智力也会受到影响，难以理解社会生活的整体性和必要性。

案例分析

我们能够在罪犯身上看到此类特质，事实上，他们可谓是自卑情结的“代言人”。罪犯是愚昧且脆弱的，而且愚昧和脆弱一同构成了他们的两面性。

我们还可以用相同的方法来分析酗酒者。酗酒之人想要跳脱出困境，但他们又十分脆弱，于是利用酒精获得短暂的解脱。这类人的认知和意识形态，和我们所说的“勇敢”完全不同。譬如，罪犯经常为自己开脱，将罪责推到他人身上，他们会说自己无法找到工作，是因为社会过于严苛，无法支持他们，抑或他们会将自己犯罪的原因归结为贫穷所致。在审判时，他们一直在找借口。一个杀害孩子的罪犯说：“是上帝让我杀了他。”还有个杀害孩子的罪犯在审判结束后这么说：“世界上有如此多这样的男孩，我杀了他又会怎么样呢？”同样，抱有这种奇怪想法的人还会认为，杀死一个富有但小气的老人是正确的，因为世界上还有很多非凡之人正忍受着饥饿。

我们认为那些人的逻辑是非常奇怪且不牢固的。他们的总体想法源自某种无意义的目标，而内心的胆怯导致他们最终选择了那个目标所指引的方向。罪犯们经常想要为自身开脱，但实际上，凡是对生活有利的目标，通常都十分明晰，完全不用向他人解说。

我们来看看下面这个实例，它展示了社会目标和态度向反社会类型转变的全过程。患者是个女孩，大约十四岁，家庭和睦美好。她父亲是个勤快的男人，一直勤勤恳恳安心顾家，之后却病倒了。她母亲老实善良，格外关心六个孩子。他们最大的女儿非常聪慧，但在十二岁时去世了；第二个孩子儿时身体不是很好，身体好了之后就外出工作补贴家用；第三个孩子是个病人；而这个女孩是尤为健康的。母亲始终在忙着照料丈夫和两个病孩，因此无暇照顾这个女生。我们称呼她为安妮。安妮有个聪明的弟弟，但是身体不好，安妮夹在了这两个病孩之间。她很听话懂事，然而自认为并不受他人喜欢，还埋怨说受到了冷落，于是始终满怀压抑感。

安妮在学校尤为努力，在班上的成绩也非常好。十三岁那年，她进入了高中，一个教师不是很喜欢她，可能那个教师觉得安妮给他的第一印象不太好，无论是什么原因，由于这个情况，安妮的状况越来越差了。

她之前一直都深受教师们的喜欢，所以以前的她是很健康的，没什么问题。她成绩优异，还获得了同学们的喜欢，即使是这样，心理学家还是可以通过一些细节看出她的不正常。她惯于推卸责任，想要做朋友中的领导者，希望被所有人关注，想要受到他人的追捧，可她永远都不会认为自己有错。

安妮想要受到他人的喜欢、保护和欣赏。她感觉能够让自己实现这个目标的地方只有学校了，在家里她绝对不可能做得到。后来她换了一间学校，在那儿，她无法得到他人的喜欢和欣赏，甚至教师还责备她未认真预习功课，她的成绩逐渐下滑，最后她选择逃课，有时候连续几天都不上课。和之前相比，她的状况实在是糟糕透了，教师向学校建议将她开除。

“开除”是毫无效用的，无法真正解决问题。说实在的，他们要是觉得难以处理问题的话，理应求助于能帮上忙的人。和家长讨论完以后，学校原本打算让安妮转学，让她再换个新环境，或许会有另外的教师能和安妮友好相处，可教师并不那么想，她认为，学生成绩差、逃课，性质恶劣到应当被学校开除。这样的想法很个人化，并非常识，对教师来讲，常识是非常重要的。

我们可以由此推断出，日后这个女生会遭遇何事。她认为所有的一切都分崩离析了，连救命稻草都找不到。她在被开除以后，家人也不再像以往那样夸赞她了，她离开了学校和家，消失了好几天，之后竟然还和一名士兵生活在了一块儿。我们可以想到为什么她会这么做，她希望得到他人的赞美，她自始至终都在拼命做着自认为有意义的事，可眼下，她不需要再这么做了。士兵起初很喜欢她，也总是赞美她。之后她寄了一封信给她的家人，信上说自己想自杀，因为她怀孕了。

她给家里寄信的行为是符合她本身的性格的，她始终在前行，希望可以获得他人的赞美。之后她返回了家中，她觉得母亲一定会对自己非常失望，但她并未反省自己，因为她认为家人是非常想让她回家的。

在面对这样的情况时，我们应该抱有同情心，站在当事人的立场去思考问题，这是很关键的。这类人迫切地渴望获得他人的赞美，为了自己的目标而奋斗，我们需要同情这些人，还需要扪心自问一下："要是我在这样的环境中，我会做些什么呢？"给他们一定的激励是至关重要的，但需要针对正向且有意义的活动。我们需要让他们主动说出这样的话："我可能得换一个学校了，其实我并不笨。可能我得努力一些，可能我应该再专注一些，可能因为我自身的原因，无法明白老师所说的话。"让他们鼓足勇气，如此一来，他们就能够学会朝正确的方向发展。自卑情结扼杀了勇气，一系列问题就此产生。

如果不是安妮，而是另外一个和安妮一样大、遇到一样状况的人，或许就会走上犯罪的道路了。当然，这样的情况是极为罕见的，要是孩子们在校园中没有勇气面对周遭的一切，就很容易踏上犯罪的道路，抑或是变成一个暴力分子。不难想象，当孩子失去勇气和希望时，就会开始说谎、不写作业、逃课，甚至离家出走，企图在新的环境中找到认可自己的人，并和他们待在一块儿。他们彻底不想去学校了，逐渐沉溺于自我的世界。

一般来说，自卑情结和“自认为缺乏特殊能力”的想法不无关系。当然，这种觉得他人天赋异禀，而自己没有半点特殊才能的想法是错误的，并且清楚地反映出内心的自卑情结。用个体心理学的观点来看，任何人都有能力做好任何事。倘若人们对这句话失望之极，并且自认为难以达成某个有意义的目标，这就标志着他们内心已产生自卑情结。

自卑情结会让人笃信遗传论。要是天赋异禀可以决定是非成败，那么心理学家就成了无用之人。实际上，勇气是成功的重要因素之一，心理学家需要做的就是将绝望变成希望，让人们有一定的勇气为自己的目标努力奋斗。

有时候，我们还可以看见这样的案例。一个大约十六岁的年轻人，在被开除以后，由于内心的绝望走上了自杀的道路。他其实是在报复社会、控诉社会，目的只是为了证明自身价值，但是他们运用了自我逻辑，而忽视了常识。我们应当去规劝这样的年轻人，使他们有勇气面对生活的难题。

我们还看到过一些其他的案例。有这么一个女孩，今年已经十一岁了，家人不太喜欢她，更喜欢其他的孩子。因此，她觉得自己是多余的，脾气越来越差，越来越喜欢和他人争斗，也不听家人的话。这个案例研究起来是较为简单的，这个女生自认为得不到他人的喜爱，最初她争取他人的喜欢，之后她自己放弃了。某天，她在一家小店里行窃，在个体心理学家看来，偷东西不能说是犯罪，应该说是孩子想要让自己变得更加“勇敢”而故意表现出来的行为。通常来讲，人们只有在自认为贫困至极时，才会做出这样冲动的行为。那个女孩偷东西的行为，是因为她在家中得不到足够的关心，失去了希望，所以才会在自认为没有钱时去行窃。他们所感知到的事情或许并不客观，不过，心理学是可以解释这种行为的。

还有个案例是这样的，一个八岁的男孩，是私生子，长得不太好看。他和养父母一起生活，养父母并未好好地照料和教育他。有时候，养母会拿点糖果给他吃，这在他眼里算是较为快乐的时光了。养父已经很大年纪了，这对夫妻还有个自己的女儿，养父为此很是高兴，对女儿极为宠溺。男生在感觉自己没钱的时候就会去行窃，他想让自己变得更加富有。一旦发现他行窃，养父就会教训他，可他并没有因此而悔过。或许有些人会觉得这个孩子勇气十足，即使养父几次三番地打他，他还是一如既往地走自己的路，可那并非是事实，事实是他希望自己再也不要被抓到——这种想法可不属于“勇气十足”的范畴。

在这个案例中，这个男生从来没有被家人宠溺过，不知被人宠爱是什么滋味。我们一定得规劝他，让他知道自己是集体的一份子，当他懂得听取他人意见、懂得考虑他人感受时，他定能明白，养父得知他行窃时的心情就如同一个女孩弄丢了心爱的糖果。我们可以在这个案例中再次观察到，缺乏勇气、常识和社会性情感导致自卑情结生成的全过程。

第十一章　亲密关系

在开始一段恋情和步入婚姻殿堂之前，我们必须得融入社会，并能够较好地适应社会。另一方面，我们还需要从童年阶段开始训练自身的性本能，直至成年。

我们能够在童年记忆中找到人们对婚姻爱情的想法和态度。在分析了原型的特点之后，我们能够明确地知道个体在成年后将会遭遇何种难题。

男女平等

在婚姻爱情中碰到的问题和普通的社会问题具有相同的特点，人们需要面对的任务和困难相差无几。我们不能认为，在成功的婚姻和爱情中无须担心任何事。我们需要用一生的努力去守护婚姻和爱情，时时刻刻都需要考虑到他人的利益。

婚姻不单单要求个体具有一定的适应社会的能力，还要求个体具有认同伴侣的能力。现在，大多数人都没有好好为家庭生活做准备，他们从未学着站在另一方的立场去观察、去倾听、去感受。

在以上几个章节中，我们大多都是在讨论：在成长阶段中，有些孩子只在乎自我，丝毫不在乎他人。我们并不认为，那些孩子会因为性成熟和生理成熟而在短时间内做出改变，他们在开始进入社会前和开启一段爱情之前都是准备不足的。

发展社会性情感的过程是较为缓慢的。唯有那些自小就接受社会兴趣的培养，始终为有意义之事而奋斗的人们，才具有真正意义上的社会性情感。所以，判断某人有没有准备好进入婚姻，其实并没那么困难，只要记得我们上述结论就可以了。在处理生活难题时，一定得保持信心和勇气，才可以找到解决之道。人们需要有朋友和同伴，还需要和四周的人建立起良好的关系。在这方面有所欠缺的人定然还未做好进入婚姻，或是开始一段恋情的准备。还有一点，我们能够推断出，要是工作相对稳定，且在工作上取得了一定的进步，那么他们便能实现爱情的承诺。

我们还能从部分细节中看到人们的个性特点。细节往往是很关键的，可以体现出人们是不是具有社会性情感。

在理解了社会性情感的本质之后，我们可以知道，只有在男女平等的基础上，婚姻爱情中的难题才能合理解决。双方的相互体谅是很重要的，甚至比相互尊重还要重要。爱情本身无法解决任何问题，更何况，爱的分类有很多。只有在男女平等的基础上，爱情才能保鲜，婚姻才能正常发展下去。

在婚后生活中，若是有任何一方企图成为家中的支配者，那么婚姻或许会遭遇毁灭性的打击。在婚前，要是个体脑海中存在这样的想法，那么说明他尚未做好进入婚姻的准备，并将在日后的婚姻生活中得到验证。在婚姻关系中，不存在谁强谁弱，企图在婚姻关系中做对方的领导，是无意义的想法。婚姻是需要双方互相关爱的，还需要双方换位思考。

婚前准备

让我们来看一下，在进行一段长久且稳定的交往之前，人们需要做好哪些特殊的准备工作。这些准备工作都和本能的性吸引密切相关，属于对社会性情感的培养。就好像我们所知道的那样，实际上，我们都了解，人们在儿时都想象过完美伴侣的模样。在男孩看来，母亲或许提供了完美女性的模板，从而就会想要找一个相似的情侣。有时候，母亲和男孩之间的关系或许会是紧张且不太好的，在这样的情况下，他或许会去找一个完全不一样的另一半。母亲和孩子之间的关系，与他在日后选择的伴侣是息息相关的，我们甚至可以通过其伴侣的瞳孔颜色、体型和头发颜色等因素窥见其中关联。

我们还能够知晓的是，要是一个母亲一直对儿子很强势，还压制他的话，那么，当他面临自身的情感问题时，会很恐惧，会想要找一个服从且软弱的异性；要是他具有极强的好胜心，那么他会极力控制另一半，并可能存在家庭暴力倾向。

我们能够发现，人们在碰到爱情相关的问题时，会将童年时期所表现出的各种特点无限放大。我们能够想到，具有自卑情结的人在爱情问题上会做何表现，由于他们自以为没有能力，所以在表达自我时总需要他人的支持。换句话说，这些人的理想对象会是母亲；有时候，为了弥补自身的软弱，他们在选择爱情时会走向反方向，逐渐变得骄傲自满，与此同时，他们或许会选择一个脾气冲动的另一半，因为他们认为“战后的胜利”是令人骄傲的。

如果按照这个方式交往下去，两个人都会不快乐。自卑情结和自负情结对爱情的牵绊甚是可笑，但是这样的事情却经常会出现。要是认真审视一下，我们能够看到人们在找另一半时，实际上是在寻找一个受气包。他们不清楚，不应通过爱情来寻求这样的慰藉，要是其中一方想要做老大的话，另一方会不甘被俘，最终两人只能分开。

在研究过程中我们发现，为了满足内心的各种情结，一些人会在求偶过程中表现怪异。我们从那些行为中得知，有的人为何会选择一些病恹恹、没有能力或是年长的另一半，原因是和这样的人一起生活会让他们感觉轻松一些。有的人会喜欢已婚人士，这样的行为说明了他们不想对对方做出任何承诺。有的人会在同一时间段脚踏两只船，比如我所讲过的精神病患者，他们便会有此种想法，认为和两个人相处会比应付一个人更加放松。

我们还发现一些内心具有自卑情结的人会频繁地跳槽，他们害怕遇到困难，最终什么事都做不了。在爱情这件事上，他们也会出现相似的问题，喜欢一个已婚人士或是在同一时间段喜欢上两个人。还会出现一些其他的行为，例如，只想保持恋爱关系而不想结婚，只表白不承诺。

被宠溺的孩子在爱情和婚姻里的表现极为符合他们的性格特征，他们希望对方可以宠溺自己。在恋爱的起初阶段，或是婚后的前几年时间里，这样的想法或许没有任何危险，可之后便会引发许多问题。我们完全能想到，两个性格皆如此的人在结合之后会陷入什么样的生活状态。双方都希望得到宠溺，可都不想主动宠溺对方，换句话说，两人都在坐等对方施与爱，可自己一点事都不做。到最后，两人都认为对方不能理解自己。

当人们产生挫败感，抑或是觉得不被人理解时，就会觉得无力抗争，企图远离。在恋爱和婚姻关系中，这类情感是相当不好的，特别是“绝望”这样的情感。这样一来，个体会逐渐产生报复心理，想要打乱对方的生活，最为常见的就是背叛。背叛行为始终被定义为报复的一种形式。确实，对婚姻不忠的人经常会拿“爱”和“感觉”做挡箭牌，为自己辩解，然而我们很明白，那些所谓的“爱”和“感觉”都是借口，它们的存在不过是为了满足个体的自我优越感罢了。

下面我们来说一个案例。这个案例中的患者是个被宠溺的女人，而她的丈夫一直生活在哥哥的阴影中。她是个温柔的美人，成功地让丈夫拜倒在了她的石榴裙下；她希望得到对方的喜欢和欣赏，受到他人关注。他们的婚姻生活原本是幸福快乐的，直到孩子出生。这个女人想要一直受到对方的关注，因而开始担心孩子会将自己的地位抢走，逐渐地，她变得不快乐了。同时，丈夫想要做家中的掌权者，担心孩子会让自己失去这个身份。之后，他们彼此猜忌。家长这个身份他们做得还是很尽责的，可他们还是认为对方施与的爱在减少。这种猜疑心理是极为危险的，要是一方开始权衡每一个言行举止，那么他会在很短的时间内“发现”：对方没有那么爱自己。婚姻中的两个人，皆会对这种情况有所察觉。

丈夫去巴黎游玩，心情非常不错，但是女人则在家中休息，照料孩子。他在巴黎写了一封信寄给她，和她说自己的心情有多么好，看到了许多有趣的人和事。女人则自认为不受关注了，心情压抑，之后便患上了人群恐惧症，害怕一个人走出家门。丈夫从巴黎回来后，不管她打算去什么地方，都要求他一同前往。表面上看起来，她已经达到了目的，受到一定的关注，可是她却觉得，如果自己康复了，丈夫就会离自己而去，因此，她一直假装并未痊愈。

在生病的那段时间里，她觉得有个医生对自己关怀备至，在医生的治疗下，她自认为已经缓和了不少，就和他建立了良好的友谊关系，医生觉得她已康复，便没再去探望过她。她寄了一封信给那个医生，表明对医生的感谢，可他并无回信，从那个时候开始，她的病情就变得更加严重。也是从那个时候开始，她有了背叛自己丈夫的想法，以此对丈夫进行报复。可是，她还是无法做到一个人走出家门，这也使她难以真正做出背叛丈夫的事情。

婚姻咨询

在婚姻爱情关系中，人们总会犯很多错，而这些错误又会牵扯出别的各种难题，那么，错误皆是必然发生的吗？在我们看来，人们自儿时起，所犯的错误层出不穷，我们能够借助认识原型特点的方法，去改变人们错误的生活风格。所以，我们设立了一些咨询机构，用个体心理学的办法来帮助人们纠正爱情关系中所存在的错误。那些机构中的工作人员需要经过专业培训，了解如何组合个体生活的每一件事，并深深地同情和认可咨询者。

工作人员不会讲这样的话："既然你们认为对方的想法有问题，还一个劲儿地吵架，那么你们分开吧。"分开能解决什么问题呢？这是个规律，人们希望和他人恋爱或是结婚，但日后却不对生活风格做出改进。有时候，某些离婚数次的人再一次组建新的家庭，在我们看来，这仅仅是在重复先前的错误而已。那些人会前来咨询，想要知道自己新的婚姻关系或恋爱关系会不会成功，然而，他们常常在分手前来问我们。

在童年时期，许多错误就已形成，只不过看上去并没有那么重要，直到个体和他人的交往稳定下来，错误才原形毕露。某些人总觉得他人会背叛自己；有的孩子常常心情不佳，担心自己的行为有负他人期望；有的人会认为他人抢走了父母——此处说的是爸妈所给予的爱；有的人在童年时期碰到过某些困难，于是日后一直担心悲剧会再度上演。不难看出，这样的臆测和担心会让人愈发绝望，会让恋爱和婚姻遭遇妒忌和猜疑。

在女性中会出现一种特殊问题。女人总是觉得自己被男性玩弄了。在她们看来，男人是不值得信任的。产生了这种想法的女性很难拥有持久且快乐的恋爱关系——要是认为对方会背叛自己的话，两个人的相处就不会幸福。

人们总是会咨询爱情方面的问题，由此可以看出，爱情常被人们视为人生中最为重要的事。但是，个体心理学认为，那些问题虽然很重要，但绝非最重要。从个体心理学出发，人生的每个问题都是同等重要的，要是人们过分夸大婚姻爱情中的难题，生活就会变得不再和谐。人们对婚姻爱情重视过了头，究其原因，或许是因为人们较少接受这方面的专业教育。

如前文所述，生活中有三大难题，其中之一是社会问题，即我们如何对待身边的人。从出生开始，我们就被教育应该如何和他人交往，我们不断学习各种新事物，相似的是，有些培训课程是教我们如何做好就业准备的，教师会对我们进行各门科目的指导，图书使我们了解应该做什么有意义的事，然而，谁来告诉我们，应该如何为亲密关系做准备呢?

诚然，描写爱情的书籍数不胜数，我们却极少会看到结局圆满的故事。实际上，婚姻爱情一开始就“声名狼藉”。如我们所知，《圣经》中的那个女人——夏娃，成为了世间所有爱情麻烦的始作俑者，在那之后，爱情里的男男女女们不可避免地会遭遇各种难题。

我们的教育体系需要进行极大的变革，较为不错的方式是，让男女均能接受良好的两性知识的教育，明白自身在婚姻中的定位与角色。在教育的过程中，需要让他们认识到男女是平等的。女人总是会自认为没有能力，这点足以证明我们的教育有多么失败。

有的女人总想着超越他人，从而不断地进行一些毫无用处的训练，之后就变得越来越自我。在未来的道路上，我们需要让女性更加关注社会利益，而不仅仅只为了自身利益。要做到这点，我们首先需要打破男权主义的格局。

有的人在确定交往关系前是完全没有准备的。在某个聚会上，一位青年男子和他那漂亮的未婚妻正在跳舞。忽然间，他的眼镜滑落了，令在场的客人感到惊讶的是，他为了将眼镜拽住，差点让自己的未婚妻摔倒。朋友质问他："你瞧你做了什么？"他说："为了不让她把我的眼镜踩碎啊。"从这个小事情中我们能够得知，这个青年男子并未做好进入婚姻生活的准备，幸好，他还没有结婚。之后，他患了抑郁症，他的情况和那些只关心自己的人是相同的。

我们能够在个体身上发现诸多线索，并判断出他有没有做好进入婚姻生活的准备。那些在约会时迟到却不给出任何解释的人是不值得信任的，他们的所作所为体现出了内心的犹豫，也标志着他们并未做好充分的准备。要是夫妻中一方始终企图掌握家庭主动权，或是常常责备对方，那也说明了他并未准备好。过分敏感不是一件好事，它能够反映出自卑情结。有些人没什么朋友，无法与社会相融，就无法为一段感情做好准备。太晚开始工作也是不太好的事情，内心悲观之人适应能力也不怎么好，他们在面对生活困难时是缺少勇气的。

纵然婚姻爱情不甚完美，但挑选出对的人，抑或是按照一定准则去挑选的话，也不会特别困难，不能总想着找个完美无缺的伴侣。事实上，要是某人无法找到另一半，那么他多半患有慢性忧郁症。

在此，我想再说一次，只有那些能够轻松适应社会的人，才能够战胜婚姻爱情中的诸多障碍。一般来说，缺少社会性情感会导致错误频发，想要避免这些错误，个体就必须做出一些改变。

爱情不是一个人的事，但是教育只告诉了人们如何独立完成一件事，以及如何借助团队力量完成一件事，而并没有告诉人们，如何与另一个人协同完成一件事。在没有接触过相关事情的情况下，若两人都看到了自身性格的不足之处，并以平等之心相待的话，婚姻爱情的难题也是可以解决的。

一夫一妻制度是两性关系的最高表现形式，这是毋容置疑的事情。有人提出了有悖科学的观点，认为多配偶的制度才更符合人性，这样的说法是令人无法接受的。在传统思想中，婚姻爱情皆是社会任务，两性关系并不仅仅是为了个人利益，还牵扯到社会利益。婚姻的最终目标是让人类这个物种继续延续下去。

第十二章 性欲与性问题

在前文中我们已经阐释了婚姻爱情的相关问题，接下来我们看一下更为具体的事情：性欲、现实和想象三者之间所存在的反常现象。我们现在了解到，相较于生活的其他方面，在两性关系上，绝大多数人是没准备好的，甚至连较好的教育都没有接受过。我们需要摒除一些关于性欲的迷信看法。

最为迷信的说法是性特征的遗传性。有些人觉得性欲大小是一出生就已注定的，绝对无法改变。人们常被遗传这两个字误导，甚至因此放弃为实现人生目标而努力，所以，我们应当谨慎对待那些贴着科学标签、备受公众关注的观点。科学家要让公众知道的是研究结果，而不是研究过程中的负面信息或不良因素。

童年时期的训练

在生命的初期，性欲已昭然若揭。若家长或护士认真观察一下，早在孩子初生的前几天里，就可以发现孩子们的性冲动行为。但是，性欲对环境的依赖程度远远超乎我们的想象。当孩子逐渐展露出性欲时，作为家长，需要引导他们将注意力放在其他事物上，然而，很多家长往往不太清楚应当怎么去引导。当孩子在自然成长过程中受到了伤害，或是产生了错误的态度时，他们便会对某些器官特别感兴趣，要是我们可以在短时间内找到症结所在，就能够正确地指导孩子。

通常来说，童年时期的性行为是较为正常的，因此，我们在看到孩子做出一些性行为时，不需要表现得很惊讶。两性关系中的性行为，其目的是结合。所以，我们需要做的是留意观察，防止孩子的性行为趋向病态，或是朝着错误的方向发展。

人们总会将童年时期的自我教育和遗传混为一谈。自我教育的结果时常被误认为是遗传的结果，在这种情况下，要是孩子们对同性更感兴趣，就会以为那是遗传的结果，实际上，这样的状态是后天逐渐形成的。有时候，孩子或是成年人表现出异常的性行为，人们就会认为那是遗传的，然而若真是如此，人们为何要进行自我教育呢？为何会想象且演练性行为呢？

一些人的性行为到了一个阶段就会停下来，我们现在用个体心理学来分析一下这种情况。例如，一些人因为内心具有自卑情结而恐惧面对失败，另一种情况是，一些人太过努力，并因此变得自负，产生了优越情结。我们能够在这些情况中观察到，他们的行为是过分夸张的——或许确实有极强的性能力，但他们过分夸大了自身的性欲。

环境因素尤其会刺激个体朝这个方向发展。如我们所知，无论是通过书籍、影像、图片，还有直接接触等，都能引起性欲，换句话说，在目前社会中，一切事物都在强化性这件事。尽管性被过度关注，但我们也不能忽视这种本能的巨大作用，不可否认它在婚姻、爱情和繁衍生息方面所占据的重要位置。

作为家长，不应过度强化性欲这件事。在很多情况中，母亲会特别关注孩子最先表现出来的性行为，这会让孩子们更加留意这方面的事情。有的母亲会经常告诫孩子，甚至惩戒孩子。大多数孩子都希望受到关注，因此，在许多情况下，孩子不愿意改掉某些习惯，因为他们在做这些事情时，会被责备，而那也是一种关注。实际上，在孩子面前，不应过度强调性，这才是最佳做法。我们应该像处理其他普通事件一样去处理性方面的事情，这样便会让孩子们觉得，性并非是需要特别关注的事。有的母亲经常会通过拥抱或亲吻表达对孩子的爱意，这样的做法不能说错，但切记不可太过分，孩子若是生活在被过度宠溺的环境中，其性欲方面的发展也不会健康。

生活方式

在大多数心理专家和医生的眼中，性欲的发展可谓是人类思想和精神文明的发展，同时也是人类生理发展的坚实基础。我并不认同这样的说法。实际上，是生活风格和原型，也就是人格奠定了性欲发展的基础，决定了性欲的表现形式。

举个案例，要是我们清楚孩子表达性欲的方式，抑或是遏制性欲的方式，便能推断出他们成年之后的处境。要是某个孩子始终期望成为公众的焦点，那么他日后在两性关系上会占据控制地位，希望被他人关注。在大多数人只表现出本能性反应时，这类人自以为是强大的，因而和大多数人发生性爱之事。我们可以轻易得出结论，他们过分放纵个人性欲，这样的征服心理是虚假的，实际上，那是在弥补或掩盖自卑情结。

导致这种反常性行为的罪魁祸首就是自卑情结。为了排解自卑情结所带来的压力，个体会尝试着寻求捷径，他们找到的方法有很多，譬如遗忘，或性行为。

一般来说，这样的反常性行为能够在那些想要得到他人关注的孩子身上见到。他们会故意惹麻烦，以赢得父母和教师的关注。在日后，他们希望控制他人，甚至在性事上也是如此。在那些孩子长大之后，他们难以区分征服欲、控制欲和性欲。有时候，他们会躲避生活难题，彻底抵制异性，还会进行自我误导，让自己相信自己是同性恋。一般来说，过分强化性欲会帮助他们逃避性生活中的困难和问题。

想要弄明白这一切，首先要了解个体的生活风格。那些人希望自己成为焦点，然而，自己却自认为无法吸引异性，他们在面对异性时是极端自卑的，这种自卑情结的形成可以追溯到他们的童年时期，例如，要是某个男生认为母亲和姐妹的行为举止更加吸引人的话，他便会对自身的吸引力失去信心。有一部分人或许会仰慕异性，并因此去效仿异性的一举一动。如此一来，便会有人希望转换自己的性别。

有这么一个案例，一个男人被指控虐待和猥亵儿童。通过这个案例，我们能够很清楚地看到犯罪倾向的具体形成过程。在了解了他的成长之路后，我们发现他母亲太过强势，经常会指责他；他在校园中表现得极为优秀，可母亲始终想让他做得更好。所以，他希望在家庭中没有母亲这个角色存在，心里只有父亲，完全不在乎母亲。

我们能够从中得知，他在童年时期逐渐形成了“女人严苛”的想法，觉得她们总是在鸡蛋里挑骨头。在他看来，和女性的接触是痛苦的，是没有办法才去接触的。他逐渐忽视了异性的存在，但他依然会在心生畏惧的时刻控制不住自身的性冲动。这样的人因为内心的恐惧不安而不断折磨和惩戒自己，见到其他被折磨的孩子便会很兴奋，抑或是通过想象他人或自己被惩戒来获取快感。他只有在这样的想象和现实的折磨中才可以寻找到性满足。

这个案例足以证明错误的性教育会导致极其严重的后果。这名男子始终不知道自己为什么会这样，如有一天他幡然醒悟，那也为时已晚。教育的最佳时机是在童年时期，等到了二十五岁、三十岁才接受正确教育的话，效果就很难说了。

其他因素

对于幼小的孩子来说，他们和父母之间存在某种心理上的联系，因此关系会逐渐复杂化。我们能够了解到，错误的性教育会导致儿女和父母矛盾重重，要是孩子好胜心强，等到了青少年时期，可能会为了让父母痛苦而滥交。我们非常清楚，有的孩子会在和父母吵完架之后，与人发生关系，他们通过这样的行为使父母难受痛苦，尤其是很多父母会十分重视这种事。攻击性强的孩子极有可能这么做。让孩子为自身负责，是解决这个问题的唯一方法，应该让他们意识到最终受伤的是自己，而不是父母。

生活风格除了会受到童年环境的影响之外，还会受到政治、经济等因素的影响。在某些情况下，社会上会出现某种极具“传染性”的风气。在改革时期或是社会不安稳的时期，性欲会被极端强化，尤其是在战争时期，生命不堪一击，导致人们无不寄情于声色犬马之中。

社会措施

有人曾说，在这世上唯有人类可以在没有饥饿感时进食，不口渴时饮水，随时随地和他人发生性关系。过度放纵性欲和放纵别的欲望其实没什么本质上的差别。当个体过度纵欲或是过度发展某种兴趣时，生活就会变得紊乱。心理学家所记载的案例，大多都和兴趣或欲望有关，那些人最后都变成了强迫症患者。我们经常可以看到有些人视财如命；有些人有严重的洁癖，做任何事时都将清洁放在首位，几乎整日整夜都在打扫卫生；还有的人会认为最重要的事情是“吃”，于是一有时间就吃，在生活中，他们只关注吃，与人交流的内容也只和吃有关。

纵欲的案例莫不如是，不仅会使人们的行为活动不再和谐，还会让生活风格彻底失去意义和价值。

在正确的性教育中，性欲应该被引导到对生活有利的方向上，最终目的是让一切特征都被展现出来。当我们选择了一个对的目标，那么性欲也好，其他方面也罢，皆不会被过度渲染。

另外，尽管欲望和兴趣是可以得到协调和控制的，但想要彻底将其中某个方面压制住，会对个体造成巨大的影响，就好像人们在过度饮食之后，不论是身体还是内心都会备感煎熬。“性”也如是，彻底抵制性欲是不合适的。正常的生活风格是允许对性进行表达的，然而，那意思并非只要能自由地表现自身性欲，病人们就能够战胜神经症，生活风格就不再像之前那样失衡。情况正好相反，神经症患者是不明白怎么正确表达性的。内心压抑的人大多数都会得神经病，此种说法显然是错误的。

有的人在他人的怂恿下放纵性欲，导致自身状况越来越差。原因是，那些人难以将“性”转化到有利于社会的方向，可是，这又是他们缓解神经症症状的唯一方法。对性的本能表达是无法治愈神经症的，毕竟，神经症的源头是生活风格，只有对生活风格进行改变，才能够缓解神经症症状。

在研究个体的心理学家看来，一切都是清晰的，美好的婚姻爱情能够很好地“治疗”与性有关的心理疾病。然而神经症患者并不这么认为，一般来说，他们极为胆怯，在进入社会前尚未准备充分。同理，有些人过分强化性欲，大肆谈论性解放，或是尝试试婚，这些人实际上是惧怕性行为的，他们在逃避以社会性的方式解决问题，无法借助夫妻之间的合作来跨越障碍，常常幻想以各种各样的方式远离性事。但是，事实上，最艰辛的那条路才是最有效的捷径。

第十三章 结论

至此，可以对我们的研究加以总结了。

归根结底，对自卑进行研究是个体心理学的必要手段之一。自卑是人们奋斗的动力和成功的起点，从另外一个层面来说，任何心理问题的源头都是自卑。

如果个体无法寻找到一个既现实又正确的优越感目标，自卑情结便会随之而来。自卑情结的形成往往会促使个体渴望回避。这样的渴望通常是建立在优越情结之上的，但是优越情结又是个对生活无益的目标，使人在假想的成功中自我满足。

以上皆是人类心理生活的运行机制。如我们所知，心理生活的错误发展具有危害性，而且在某些特殊时期会更甚，同时我们还明白了，在四五岁左右，原型便已成形并开始发展，换句话说，人们的生活风格在童年时期便已成形。如此一来，童年时期的正确教育至关重要，关系到个体的心理健康。首先，应该引导孩子产生正确的、有助于心理健康发展的社会性情感，然后培养孩子们的社会适应能力，只有这样，他们日后才会懂得合理利用自卑感，避免自卑情结和优越情结的滋生。

自卑情结会直接体现在社会适应能力上。个体总归是渺小的，而且能力有限，所以人们才会依靠社会群居而生，正因如此，我们才说，社会兴趣和社会合作可以拯救社会的每一个成员。

图书在版编目（CIP）数据

理解生命/（奥）阿尔弗雷德·阿德勒著；付晓译．
--北京：煤炭工业出版社，2019
ISBN 978-7-5020-7239-1

Ⅰ．①理…　Ⅱ．①阿…　②付…　Ⅲ．①个性心理学
Ⅳ．①B848

中国版本图书馆 CIP 数据核字(2019)第 034809 号

理解生命

著　　者　（奥）阿尔弗雷德·阿德勒
译　　者　付　晓
责任编辑　高红勤
封面设计　胡椒书衣

出版发行　煤炭工业出版社（北京市朝阳区芍药居 35 号　100029）
电　　话　010-84657898（总编室）　010-84657880（读者服务部）
网　　址　www. cciph. com. cn
印　　刷　北京楠萍印刷有限公司
经　　销　全国新华书店

开　　本　880mm×1230mm $^{1}/_{32}$　**印张**　$6^{1}/_{4}$　**字数**　130 千字
版　　次　2019 年 6 月第 1 版　2019 年 6 月第 1 次印刷
社内编号　20181415　　　**定价**　32.80 元